普通高等教育一流本科专业建设成果教材

增材制造技术与装备

杨卫民　魏　彬　于洪杰　编

Additive Manufacturing Technology and Equipment

化学工业出版社

·北京·

内容简介

增材制造作为智能制造的典型应用场景，从一出现就在国际上得到了广泛重视，其技术与装备的进步日新月异。本书从成型原理、材料、控制等多个方面介绍了增材制造技术与装备，从基本原理入手阐述了工艺之间的区别与联系。本书取材角度新颖，注重基础理论与实践教学环节，在内容上兼顾学术研究与工业应用两方面的需求，可供高等院校机械类专业本科教学使用，也可供从事高聚物加工的工程技术人员及科研人员阅读参考。

图书在版编目（CIP）数据

增材制造技术与装备/杨卫民，魏彬，于洪杰编. —北京：化学工业出版社，2022.8
ISBN 978-7-122-41376-5

Ⅰ.①增… Ⅱ.①杨… ②魏… ③于… Ⅲ.①快速成型技术 Ⅳ.①TB4

中国版本图书馆CIP数据核字（2022）第077066号

责任编辑：丁文璇　　文字编辑：陈立璞
责任校对：赵懿桐　　装帧设计：张　辉

出版发行：化学工业出版社（北京市东城区青年湖南街13号　邮政编码100011）
印　　装：大厂聚鑫印刷有限责任公司
787mm×1092mm　1/16　印张8½　字数204千字　2022年9月北京第1版第1次印刷

购书咨询：010-64518888　　售后服务：010-64518899
网　　址：http://www.cip.com.cn
凡购买本书，如有缺损质量问题，本社销售中心负责调换。

定　　价：39.80元

21 世纪是全球经济蓬勃发展的时代，是世界科学力量角逐的时代。随着经济水平的不断提高和科学技术的迅猛发展，人们对物质文化生活的需求也越来越高。如何提升产品更新换代的速度以适应人们越来越高的要求，成为每一个产品设计者、制造者首要考虑的问题。增材制造作为 20 世纪出现的全新制造技术概念，被认为是现代制造技术的革命。

现阶段，增材制造技术与装备已逐步融入产品研发、设计、生产的各个环节，是材料科学、制造技术与信息技术的高度融合和创新，是推动生产方式向定制化、快速化发展的重要途径，可优化、补充传统制造方法，成为推动生产新模式、新业态和新市场的重要手段。当前，增材制造技术已逐步应用在装备制造、机械电子、军事、医疗、建筑、食品等多个领域，其产业呈现快速增长的势头，具有广阔的发展前景。

本书共分为 6 章：第 1 章为增材制造技术概述，包括增材制造技术的来源、历史发展及特点等；第 2 章为增材制造原理与工艺，主要从基础工艺入手展开讨论，由此引申出衍生工艺及其适用条件；第 3 章为增材制造材料，包括高分子和其他增材制造材料的物理及化学特征；第 4 章介绍 FDM 增材制造装备的工作原理、软硬件组成及搭建技巧；第 5 章介绍 SLA 及 SLS 增材制造装备的基本组成和使用维护技巧；第 6 章介绍熔体微分成型方法，阐述了 3D 打印与复印的关系。

本书具有以下特点：

（1）内容与技术发展同步。本书紧跟增材制造技术发展趋势，内容新颖，立足于科学基础，稳步扩展与提升，适合大中专师生的需要。

（2）充分吸收了近年来教育教学改革以及国家级教学资源库的重要建设成果，内容丰富、适用性强。本书亦为普通高等教育一流本科专业建设成果教材。

（3）以模块化形式组织，既保持了知识的完整性，又使各部分内容自成一体、相互独立，可灵活地各取所需、为己所用。可适用于不同学制、不同教学形式乃至生产一线、DIY 技术人员的需求。

（4）贴近实际，所介绍的设备均来源于课堂及实践教学基地，学习的同时随时可以动手操作，既适合应用型本科教学的需要，又适应高职高专院校教学的需求，同时还可用作从事计算机辅助设计与制造、模具设计与制造等工程技术人员的参考书。

（5）本书配有课后习题及教学课件，获得方式可见封底引导。

本书由杨卫民、魏彬、于洪杰编写，全书由魏彬统稿，参与本书编写的还有王卉昱、唐凤轩、李俊琪、祁梦飞、肖扬、陈伟春等研究生。同时，对在本书编写过程中给予过支持、帮助的同事、专家表示感谢。

由于编者水平有限，书中不足之处在所难免，欢迎各位读者批评指正。

编者

2022 年 3 月

目
录

第1章 增材制造技术概述

【学习目标】 ① 认识增材制造，认识3D打印设备；
② 熟记增材制造技术的原理与概念，了解增材制造流程；
③ 了解增材制造出现的历史环境及现阶段的优势与不足。

1.1 什么是“增材制造”？

(1) 影视中的“增材制造技术”

在3D打印走进大众视野之前，一些影视作品中已频频出现与之相关的“黑科技”，例如：1997年的科幻电影《第五元素》中，有这样一个场景，实验室人员利用某种装置，通过对外星人残片逐层叠加的方法复原了外星人丽露。而这种采用分层制造、逐层叠加方法的成型技术就是增材制造成型技术，所使用的设备被称为3D打印机。

2012年的电影《十二生肖》中，成龙佩戴了扫描手套来扫描十二生肖铜像，另外一边则通过专业设备将所扫描的铜像完美复制。这个看似很科幻的场景，其实所采用的设备同样是3D打印机，而影片中出现的桥段就是具有智能制造特点的增材制造场景。影片《云图》向我们展现了食品3D打印机的独特魅力。人物通过触摸屏操作，完整的食材便展现在屏幕上，进而食品3D打印机开始打印工作，最终完成定制化美食的快速成型。

在2013年上映的影片《重返地球》中，伤者利用快速成型医疗设备对下肢肌肉进行了修复。该医疗设备类似于激光3D打印设备，照射在受伤的肢体上，进行机体组织的修复工作。

在《碟中谍》系列电影中，每一部都充斥着大量的“黑科技”，当然也少不了3D打印的身影。从《碟中谍4》到《碟中谍6》，以面具的制作为例，其制作过程无不体现了3D打印设备的特点及其工艺的快速进步。

上述电影所列举的3D打印技术体现出了增材制造成型方法的先进性和优越性。虽然电影中的场景是虚构的，但其所包含的科学本质和技术范式并不是凭空臆造的，一定程度上代表了该技术的工艺特点和时代发展需求。

(2) 增材制造的相关概念

增材制造(additive manufacturing，AM)是融合了计算机辅助设计、材料加工与成型技术，以数字模型文件为基础，通过软件与数控系统将专用的金属材料、非金属材料以及医用生物材料，按照挤压、烧结、熔融、光固化、喷射等方式逐层堆积，加工出实体物品的制造技术。相对于传统的、对原材料去除-切削、组装的加工模式，增材制造是一种“自下而上”、通过材料累加的制造方法。该方法摆脱了传统制造方式的约束，使复杂结构件成型制造变为可能。

概念1：增材制造、3D打印与快速成型制造技术。

增材制造和3D打印都属于“会意”概念，从名词本身就能够理解其大致含义，但一直以来并没有公认的对增材制造和3D打印技术特点的精准描述和定义。一般认为，广义的增材制造和3D打印具有相同的含义，都指代采用立体逐层叠加的成型技术。狭义的增材制造和3D打印有所不同，二者各不包含且存在交叉，采用了立体逐层“增材”制造方法的技术是3D打印技术，而采用了逐层叠加（非去除材料）的3D打印技术是增材制造技术，二者又可以统称为快速成型制造技术。在本书中，对于增材制造和3D打印不做狭义的区分，统称为“增材制造技术”。

基于以上分析，可以对增材制造的概念做如下陈述：根据零件的形态，每次制作一个具有一定微小厚度和特定形状的截面，然后再把它们逐层“黏结”起来，就得到了所需制造的立体的零件。简单总结即8个字——“分层制造、逐层叠加”，满足这8个字特点的成型技术就是增材制造技术。

概念2：增材制造与智能制造的关系。

增材制造和智能制造都是当前制造领域的热门研究方向，那么增材制造和智能制造是什么关系呢？

大部分学者认为增材制造和智能制造存在以下三种关系：两者为从属关系；增材制造是基础；增材制造是工具。三种说法都具有各自的依据，但也都体现出现阶段人们对增材制造认识的局限性。此类说法一定程度上忽视了增材制造在制造业的重要作用，把增材制造和智能制造进行了部分割裂。那么，怎样才能准确地表述两者的关系呢？可以用计算机程序的思想来进行准确的类比，准确地说，“增材制造”是“智能制造”的典型范例，这种从抽象到具体的过程可以称为智能制造“类”的实例化过程。正是由于这种“实例化”的过程，使得增材制造几乎具备了智能制造的所有特征。

1.2 增材制造的发展历史

早在100多年前，美国学者就使用了雕塑地貌成型技术，这种快速成型技术也是3D打印技术的雏形。到了20世纪80年代中期，快速成型技术日趋成熟，但由于市场需求的限制，并未实现这种快速成型技术的商业化产品。直到20世纪末期，麻省理工学院研究学者采用粉末和黏结剂喷射固化这种由传统喷墨打印技术衍生出来的方法，完成了三维实体造型。这种成型方法被形象地称为3D打印技术，从那时开始3D打印才真正被大众接受。

但是由于当时的国际市场规模还没有那么大，人们对定制化的需求没有那么强烈，3D打印技术发展得比较缓慢，而这种发展趋势也存在历史的必然性。全球制造业企业的整体发展战略已经从20世纪60年代“如何做得更多”、70年代“如何做得更便宜”、80年代“如何做得更好”、90年代“如何做得更快”发展到21世纪“如何实现个性化、定制化的产品”，这也促使3D打印在21世纪出现了大流行。

1.3 制造技术的分类及流程

（1）制造技术的分类

增材制造作为一种典型的制造技术，拓展了原有制造技术领域，开辟了制造业新发展方向。现阶段，制造技术按材料的成型过程可分为减材制造、等材制造和增材制造；而按制造技术的特点划分，可分为去除制造、受迫制造、3D打印、仿生制造等。其具体分类方法如图1.1所示。

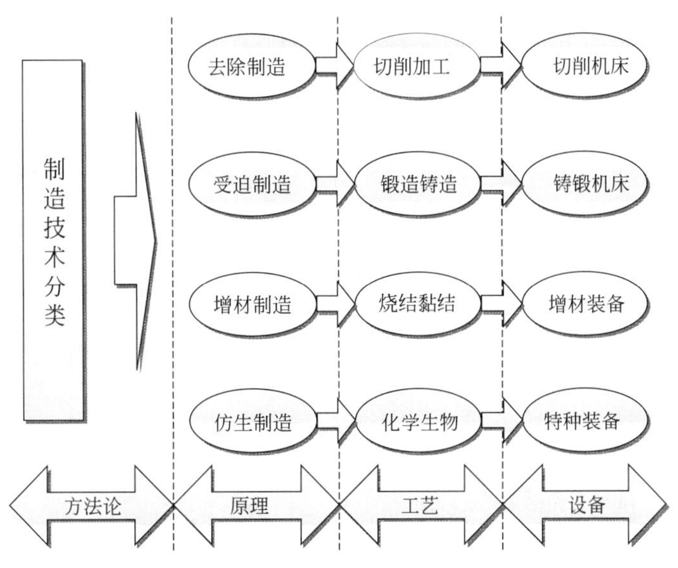

图1.1 制造技术的特点及分类

（2）增材制造的一般流程

增材制造成型方式是基于离散堆积原理的累加式成型，从成型原理上提出了一种全新的思维模式。增材制造的成型过程概括来讲是从三维到二维再到三维的过程，如图1.2所示。

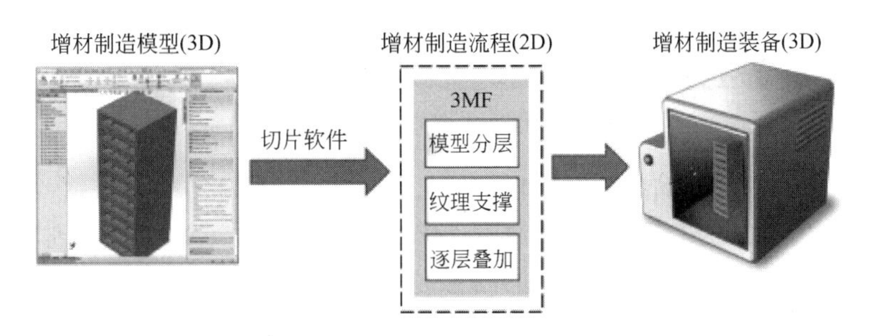

图1.2 增材制造成型的一般过程

在从三维到二维再到三维的成型过程中，需要将计算机上设计的零件三维模型，通过特定的数据格式存储转换并由专用软件对其进行分层处理，得到各层截面的二维轮廓信息；按照这些轮廓信息自动生成加工路径，在控制系统的控制下，选择性地固化光敏树脂或烧结粉状材料或熔融沉积形成各个截面轮廓薄片，并逐步顺序叠加成三维实体，然后进行实体的后处理，形成原型或零件。熔融沉积增材制造流程如图1.3所示。

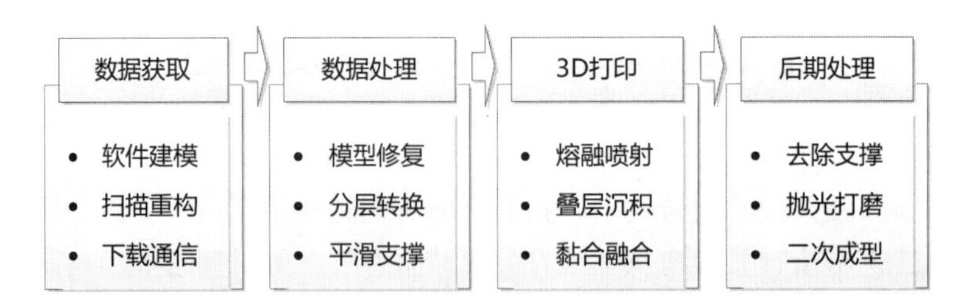

图 1.3　熔融沉积增材制造的详细流程

1.4　增材制造技术的特点

增材制造技术的出现，在一定程度上颠覆了传统加工思想，可以极大程度地降低产品创新成本、缩短研发周期，提高新产品投产的一次成功率。由于简化了工艺准备、实验等环节，产品数字化设计、制造、分析高度统一，在成型制造方面基本实现了同步并行工程的实施。

（1）降低研发成本，缩短研发周期

汽车六缸发动机缸盖传统砂型铸造工装模具的设计制造周期长达 5 个月，使用增材制造技术，只需一周便可制造完成（图 1.4）。

图 1.4　发动机磨具增材制造技术

（2）简化制造，提高产品的质量与性能

例如，一架“空客 380”飞机或“波音 747”飞机约有 450 多万个零部件。理论上讲，零部件越多，安全系数越低，结合部分的隐患越大。3D 打印技术的明显优势就是可以将多个零部件集合成一个整体制造出来，减少部件的数量。这样不仅简化了装配工作，其安全性和可靠性也相应地提高。图 1.5 为增材制造技术在航空航天领域的应用。

（3）为传统工艺难以加工成型的零部件提供解决方案

增材制造技术在一定程度上突破了几何结构的约束，能够制造出传统方法难以加工的非常规结构特征，这种新型工艺对零部件的轻量化和性能优化有重要意义。图 1.6 所示的大型主承力构件，传统的加工工艺需要分体制造、焊接，而使用了增材制造技术后可以实现整体成型，安全性和可靠性大大提高。

图 1.5　航空发动机的关键承载零部件　　图 1.6　大型主承力构件增材制造

综上所述，增材制造成型技术与传统等材、减材方法相比，存在以下显著优势：

① 制造周期大幅缩短，材料浪费及加工成本显著下降；

② 制作复杂形态及非实体模型时降低了制造难度；

③ 可在短时间内形成多样化产品而不增加成本，或增加的成本极少；

④ 对生产使用者的技能要求不高，可以广泛应用于各行业领域；

⑤ 节省空间，部分技术装备方便携带、运输，在战场、灾区等场所有着特殊优势；

⑥ 其衍生产品——快速模具制造技术进一步发挥了增材制造技术的优越性，可实现批量生产，降低了新产品开发研制成本和投资风险。

总体来讲，增材制造技术在小批量、多品种、改型快的现代制造模式下具有极大优势，在个性化、定制化领域具有强劲的发展势头。

1.5　增材制造技术的应用领域

随着增材制造技术的快速发展，其应用现已拓展到工业、医疗、生物、建筑、食品、饰品等多个领域。

① 在设计领域，它以最低的成本、最短的周期，帮助设计师们完成设计。只需将打印机放在桌面上，就可以打印出模型，验证自己的设计思想。比如在艺术品设计、日用品设计中已经广泛采用了增材制造技术（图 1.7）。

② 在教育领域，增材制造技术在教具、模具上的应用可以充分拓展学生的想象力和创造力，锻炼学生的动手能力；通过结合现有教学课程，能让学生更加直观地了解所学的知识（图 1.8）。

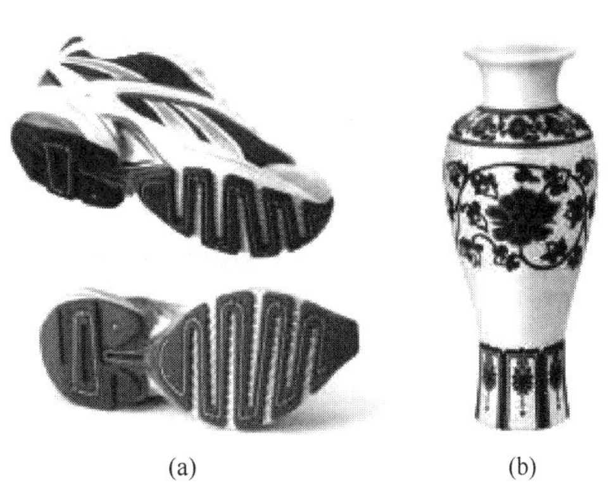

(a)　(b)

图 1.7　增材制造技术在设计领域的应用

③ 在生物医学领域，根据扫描得到的人体分层截面数据，制造出人体局部组织或器官的模型，可以用于临床医学辅助诊断复杂手术方案的确定（图 1.9）。美国一家儿科中心利用 3D 打印技术成功制造出了全球第一颗正常

图 1.8　增材制造技术在教育领域的应用

跳动的人类心脏，外科医生能够利用 3D 打印心脏来练习复杂的手术。日本某公司利用超声及 3D 打印技术制作了胎儿的立体模型，父母们不仅可以看到腹中孩子的照片，还可以获得不同时期和孩子等大的宝宝模型。

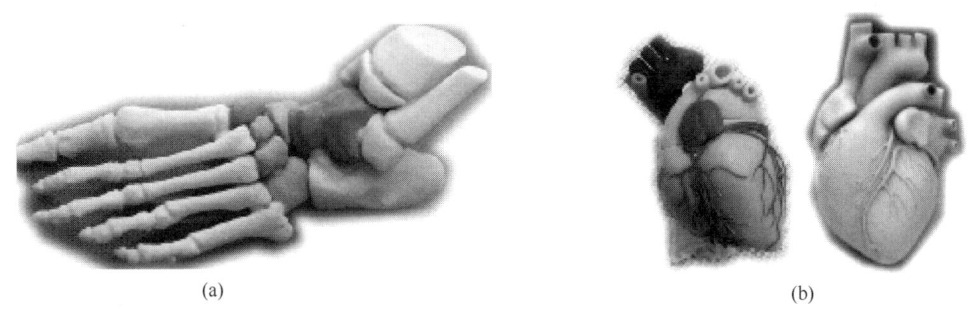

(a)　　　　(b)

图 1.9　增材制造技术在生物医学领域的应用

④ 在建筑工业领域，工程师和设计师们已经接受了用 3D 打印机打印的建筑模型（图 1.10）。这种方法速度快、成本低、环保，同时制作精美，完全合乎设计者的要求，还能节省大量的材料。2014 年 8 月 24 日，10 幢 3D 打印建筑在上海张江高新青浦园区内交付使用，作为当地动迁工程的办公用房。这些“打印”出来的建筑墙体来源于建筑余料制成的特殊“油墨”，按照电脑设计的图纸和方案，经一台大型的 3D 打印机层层叠加喷绘而成，10 幢小屋的建筑过程仅花费 24 小时。

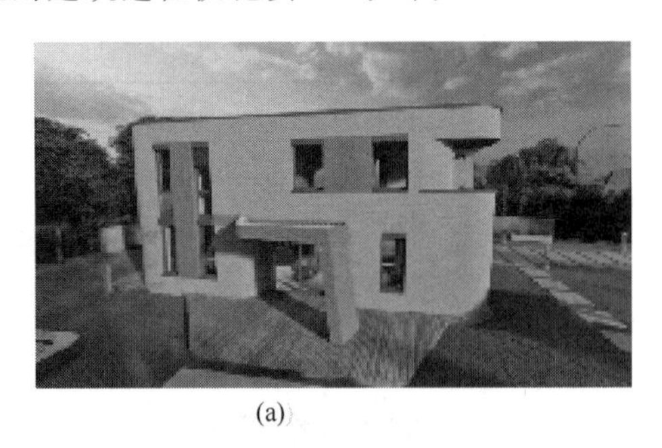

(a)

(b)

图 1.10　增材制造技术在建筑工业领域的应用

⑤ 在汽车及零部件制造领域同样广泛存在着 3D 打印的身影，如图 1.11 所示。3D 打印在某些特殊应用领域正在逐步取代注塑成型技术，这也使得个性化的设计制造成为可能，在追求效率的同时大大降低了设计和制造成本。

(a) (b)

图 1.11 增材制造技术在汽车工业领域的应用

增材制造作为一种新型制造技术，具有成型材料广、制品性能优等特点；该技术特别适合用于复杂结构、个性化制造及创新思维的快速验证。随着该技术的逐步成熟，其应用领域也越来越广泛。增材制造技术作为一项具有开创性意义的技术，势必给各行各业带来深远的影响。

第2章 增材制造原理与工艺

【学习目标】①掌握增材制造技术的工艺分类；

②了解增材制造不同工艺间的区别和联系；

③认清增材制造方法与传统制造方法的区别和联系；

④掌握从工艺原理分析成型特点的方法。

增材制造成型技术自20世纪出现以来，经历了几十年的技术发展与创新，现已形成了适用于不同加工对象和设备的几十种工艺方法。本章主要以增材制造材料的三态（液、粉、固）为切入点，从增材加工制造的基础工艺方法入手，深入理解面向不同特性材料的增材制造工艺流程及设备特点。本书内容有限，难以覆盖所有的基础及衍生工艺，但通过对基础增材制造工艺流程的理解，可以对新出现的衍生工艺加以分析和归类，以建立材料属性、工艺流程、打印设备、制品特性相关的较全面的增材制造知识体系。

2.1 光固化成型工艺

2.1.1 光固化成型基本原理

光固化快速成型工艺，也常被称为立体光刻成型，英文名称为stereo lithography，简称SL或SLA。该工艺由Charles Hull于1984年获得美国专利，是最早发展起来的快速成型技术。自从1988年3D Systems公司推出SLA商品化快速成型机SLA-250以来，SLA已成为目前世界上研究深入、技术相对成熟、应用非常广泛的一种快速成型工艺方法。它以光敏树脂为原料，通过计算机控制紫外激光使其凝固成型。这种方法能简捷、全自动地制造出表面质量和尺寸精度较高、几何形状较复杂的原型。

SLA是目前技术成熟、应用广泛的一种3D打印技术。它以液态光敏树脂为原材料，在计算机的控制下用氮分子激光器或氩离子激光器发射出的紫外线激光束，按预定切片层截面的轮廓轨迹对液态光敏树脂逐点扫描，使被扫描部位的光敏树脂薄层产生光聚合反应，逐渐固化，从而形成零件的一个薄层截面。当一层树脂固化完全后，工作台将下降一个层厚的距离，在第一层或上一层固化好的截面表面上覆盖一层新的液态光敏树脂原材料，利用刮板将新覆盖的液体树脂刮平，然后重复上述操作，完成第二层的激光扫描固化。新固化的一层材料牢牢地与上一层材料黏结在一起，如此往复操作以上步骤，直至整个工件“打印”完成。光固化成型工艺的成型过程如图2.1所示，其制品如图2.2所示。

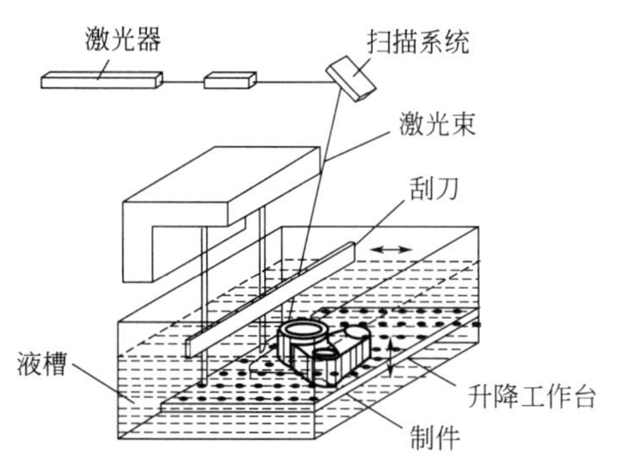

图 2.1 光固化成型工艺的成型过程

图 2.2 光固化成型制品

2.1.2 光固化成型工艺流程

因为树脂材料的高黏性，在每层固化之后，液面很难在短时间内迅速流平，这将会影响成型实体的精度。采用刮板刮切后，所需数量的树脂便会被十分均匀地涂敷在上一叠层上，这样经过激光固化后产品表面更加光滑和平整，可以得到较好的成型精度。光固化成型工艺简图见图 2.3。

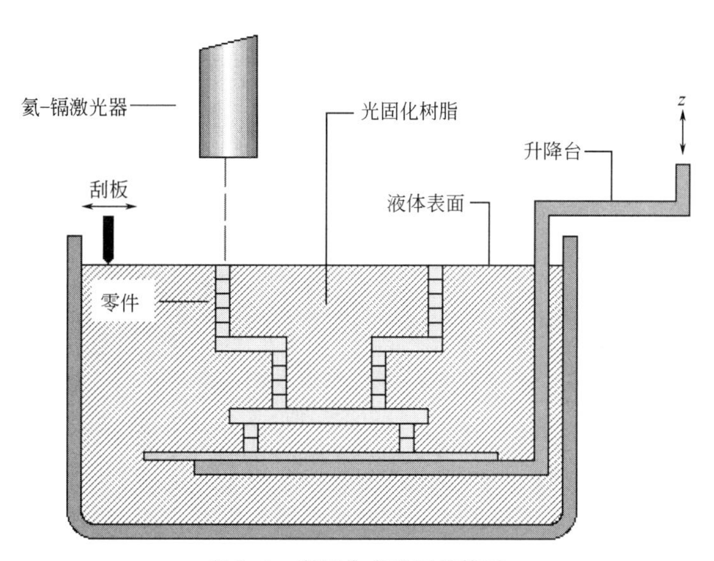

图 2.3 光固化成型工艺简图

光固化快速原型的制作一般可以分为前处理、原型制作和后处理三个阶段。前处理阶段主要是对原型进行 CAD 三维造型、数据转换、摆放方位确定、施加支撑和切片分层，实际上就是为原型的制作准备数据。下面以某一小扳手的制作来介绍光固化原型制作的前处理过程。

(1) CAD 三维造型

三维实体 CAD 模型是 3D 打印产品前期最好的展示，也是快速原型制作必需的原始数据源。没有 CAD 三维数字模型，就无法驱动模型的快速原型制作。CAD 模型的三维造型可以在 UG、Pro/E、Catia 等大型 CAD 软件以及许多小型的 CAD 软件上实现。

(2) 数据转换

数据转换是对产品 CAD 模型的近似处理，主要是生成 STL 格式的数据文件。STL 数据处理实际上就是采用若干小三角形片来逼近模型的外表面。这一阶段需要注意的是STL文件生成的精度控制。目前，通用的CAD三维设计软件系统都有STL数据的输出。

（3）摆放方位确定

3D打印过程中，摆放方位的处理是十分重要的，不但影响着制作时间和效率，更影响着后续支撑的施加以及原型的表面质量等。因此，摆放方位的确定需要综合考虑上述各种因素。一般情况下，从缩短原型制作时间和提高制作效率来看，应该选择尺寸最小的方向作为叠层方向。但是，有时为了提高原型制作质量以及某些关键尺寸和形状的精度，需要将最大的尺寸方向作为叠层方向。还有时为了减少支撑量，以节省材料及方便后处理，也经常采用倾斜摆放。确定摆放方位以及后续的施加支撑和切片处理等都是在分层软件系统上实现的。对于上述的小扳手，由于其尺寸较小，为了保证轴部外径尺寸以及轴部内孔尺寸的精度，选择直立摆放。同时考虑到尽可能减小支撑的批次，大端朝下摆放。

（4）施加支撑

摆放方位确定后，便可以进行支撑的施加了。施加支撑是光固化快速原型制作前处理阶段的重要工作，支撑结构缺失可能会导致模型的垮塌（图2.4）。对于结构复杂的数据模型，支撑的施加是费时而精细的。支撑施加的好坏直接影响原型制作的成功与否及原型制作的质量。

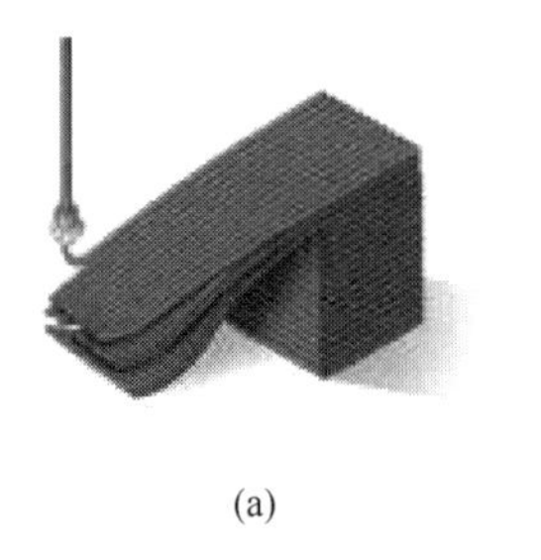

(a)

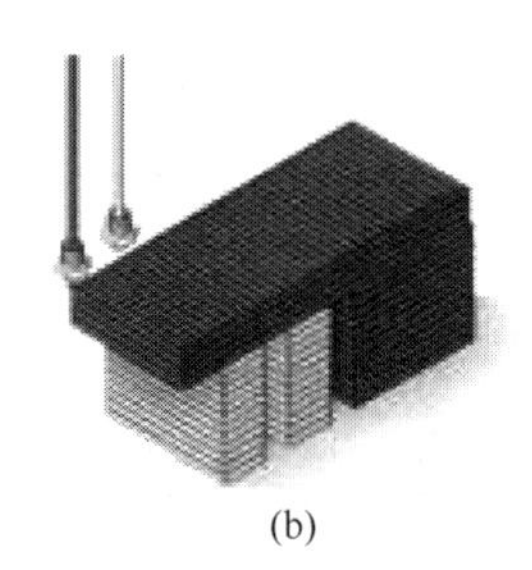

(b)

图2.4　支撑结构示意图

本实例结构的支撑施加可以手工进行，也可以软件自动实现。软件自动实现的支撑施加一般都要经过人工的核查，进行必要的修改和删减，这是为了便于后续处理中支撑的去除及获得优良的表面质量。目前，比较先进的支撑类型为点支撑，即在支撑与需要支撑的模型面是点接触。图2.5所示的支撑结构就是点支撑。

支撑在快速成型制作中与原型同时制作，支撑结构除了确保原型的每个结构部分都能可靠固定之外，还有助于减少原型在制作过程中发生的翘曲变形。从图2.5中还可见，在原型的底部也设计和制作了支撑结构，这是为了成型完毕后能方便地从工作台上取下原型，而不会使原型损坏。成型过程完成后，应小心地除去上述支撑结构，以得到最终所需的原型。

（5）切片分层

支撑施加完毕后，根据设备系统设定的分层厚度沿着高度方向进行切片，生成快速成型系统需求的SLC格式的层片数据文件，提供给光固化快速原型制作系统，进行原型制作。

模型准备工作完成后，可以对打印过程进行参数设定和质量预评价。通常情况下，层高增高，所耗费的时间会成比例增长，同时，打印密度和堆叠高度会对制品的材料用量、结构强度等有一定的影响。

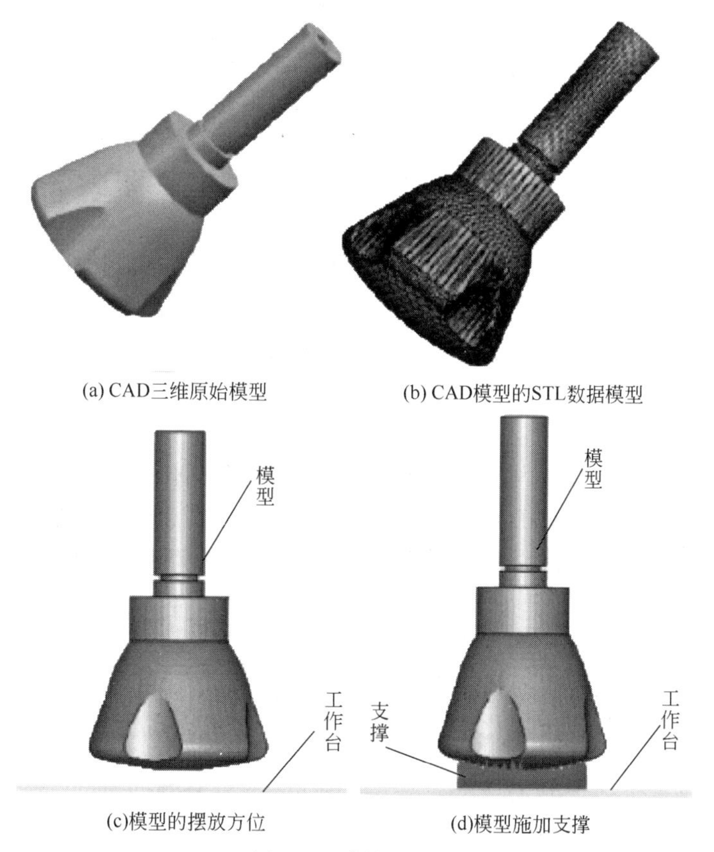

图 2.5 建模示意图

2.1.3 光固化成型工艺特点

增材制造快速成型材料及设备一直是快速成型制造技术研究与开发的核心，也是该技术重要的组成部分。增材制造材料直接决定着快速成型技术制作原型的性能及适用性，而增材制造设备可以说是相应的快速成型技术方法以及相关材料等研究成果的集中体现，增材制造设备的先进程度标志着快速成型制造技术发展的水平。

(1) 光固化材料特点

用于光固化快速成型的材料为液态光固化树脂，或称液态光敏树脂。光固化树脂材料中主要包括低聚物、反应性稀释剂及光引发剂。根据光引发剂的引发机理，光固化树脂可以分为三类：自由基光固化树脂、阳离子光固化树脂和混杂型光固化树脂。其中自由基光固化树脂主要有三类：第一类为环氧树脂丙烯酸酯，该类材料聚合快、原型强度高，但脆性大且易泛黄；第二类为聚酯丙烯酸酯，该类材料流平和固化好，性能可调节；第三类材料为聚氨酯丙烯酸酯，该类材料生成的原型柔顺性和耐磨性好，但聚合速度较慢。

阳离子光固化树脂的主要成分为环氧化合物，用于光固化工艺的阳离子型低聚物和活性稀释剂，通常为环氧树脂和乙烯基醚。环氧树脂是最常用的阳离子型低聚物。但是，环状聚合物进行阳离子开环聚合时，体积收缩很小，甚至产生膨胀。而混杂型体系可以设计成无收缩的聚合物。在系统有碱性杂质时，阳离子聚合的诱导期较长，而自由基聚合的诱导期较短，但混杂型体系不仅可以提供诱导期短而聚合速度稳定的混合系统，还能避免在光照消失后自由基迅速失活而使聚合终结。

低聚物是光敏树脂的主体，是一种含有不饱和官能团的基料，它的末端有可以聚合的活性基团，一旦有了活性种，就可以继续聚合长大。一经聚合，分子量上升极快，很快就可成为固体。

稀释剂包括多官能度单体与单官能度单体两类。此外，常规的添加剂还有阻聚剂、UV稳定剂、消泡剂、流平剂、光敏剂、天然色素等。其中阻聚剂特别重要，因为它可以保证液态树脂在容器中保持较长的存放时间。

光引发剂是激发光敏树脂交联反应的特殊基团，当受到特定波长的光子作用时，会变成具有高度活性的自由基团，作用于基料的高分子聚合物，使其产生交联反应，由原来的线状聚合物变为网状聚合物，从而呈现为固态。光引发剂的性能决定了光敏树脂的固化程度和固化速度。

光固化材料与一般固化材料相比，具有下列优点：

① 固化速度快：可在几秒内固化，可应用于要求立刻固化的场合。

② 不需要加热：这一点对于某些不能耐热的塑料、光学、电子零件来说十分有用。

③ 可配成无溶剂产品：使用溶剂会涉及许多环境问题和审批手续问题，因此每个工业部门都力图减少使用溶剂。

④ 光源效率高：节省能量，各种光源的效率都高于烘箱。

⑤ 可使用单组分：无配置问题，使用周期长。

⑥ 可以实现自动化操作及固化：通过自动化成型技术提高生产的自动化程度，从而提高生产效率和经济效益。

（2）光固化材料分类

① 阳离子光固化树脂：主要成分为环氧化合物。用于光固化工艺的阳离子型低聚物和活性稀释剂通常为环氧树脂和乙烯基醚。环氧树脂是最常用的阳离子型低聚物，其优点如下：固化收缩小，预聚物环氧树脂的固化收缩率为2%～3%，而自由基光固化树脂的预聚物丙烯酸酯的固化收缩率为5%～7%；产品精度高；阳离子聚合物是活性聚合，在光熄灭后可继续引发聚合；氧气对自由基聚合有阻聚作用，而对阳离子树脂则无影响；黏度低；生坯件强度高；产品可以直接用于注塑模具。

② 混杂型光固化树脂：目前的趋势是使用混杂型光固化树脂。其优点主要有：环状聚合物进行阳离子开环聚合时，体积收缩很小甚至产生膨胀，而自由基体系总有明显的收缩。混杂型体系可以设计成无收缩的聚合物。当系统中有碱性杂质时，阳离子聚合的诱导期较长，而自由基聚合的诱导期较短，混杂型体系可以提供诱导期短而聚合速度稳定的聚合系统。在光照消失后阳离子仍可引发聚合，故混杂体系能克服光照消失后自由基迅速失活而使聚合终结的缺点。

③ 光固化稀释剂：是一种功能性单体，结构中含有不饱和双键，如乙烯基、烯丙基等，可以调节低聚物的黏度，但不容易挥发，且可以参加聚合。稀释剂一般分为单官能度、双官能度和多官能度。当光敏树脂中的光引发剂被光源（特定波长的紫外光或激光）照射吸收能量时，会产生自由基或阳离子，自由基或阳离子使单体和活性低聚物活化，从而发生交联反应生成高分子固化物。由于低聚物和稀释剂的分子上一般都含有两个以上可以聚合的双键或环氧基团，因此聚合得到的不是线性聚合物，而是一种交联的体形结构。

（3）光固化过程原理

在激光照射下，光敏树脂可从液态向固态转变，达到一种凝胶态。凝胶态是一种液态和固态之间的临界状态，此时黏度无限大，模量（Y）为零。激光的曝光量（E）必须超过一定的阈值（E_C），当曝光量低于 E_C 时，由于氧的阻聚作用，光引发剂与空气中的氧发生作用，而不与单体作用，液态树脂就无法固化。当曝光量超过阈值后，树脂的模量按负指数规律向该树脂的极限模量逼近。模量与曝光量的关系为

$$Y(E)=\begin{cases}0, E<E_C \\ Y_{max}\left\{1-\exp\left[-\beta\left(\frac{E}{E_C}-1\right)\right]\right\}, E>E_C\end{cases}$$

$$\beta=\frac{K_P E_C}{Y_{max}}$$

式中，β 为树脂的模量-曝光量常数；Y_{max} 为树脂的极限模量；E_C 为树脂的临界曝光量；K_P 为比例常数。

激光快速成型系统中所用的光源为激光。激光是一种单色光，具有单一的波长，因此，上式中的 E_C 和 β 均为常数。液态光敏树脂对激光的吸收一般符合 Beer-Lambert 规则，即激光的能量沿照射深度成负指数衰减，如图 2.6 所示。

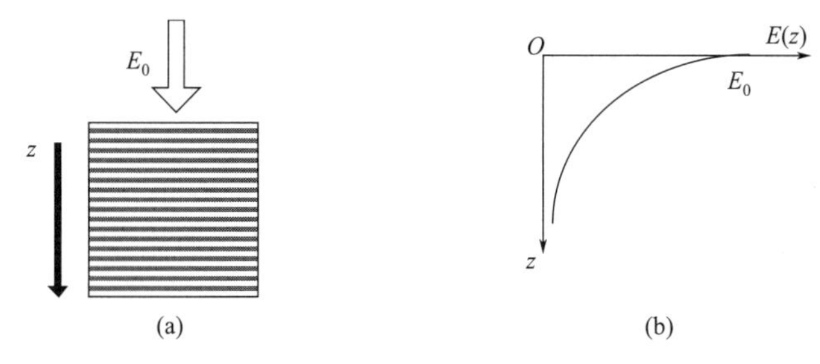

图 2.6　树脂对激光的吸收特性

2.1.4　光固化成型工艺的应用及影响因素

（1）光固化成型工艺的应用

光固化成型技术特别适合新产品的开发、不规则或复杂形状零件的制造（如具有复杂型面的飞行器模型和风洞模型）、大型零件的制造、模具设计与制造、产品设计的外观评估和装配检测、快速反求与复制，也适用于难加工材料的制造（如利用 SLA 技术制备碳化硅复合材料构件等）。光固化成型技术不仅在制造业具有广泛的应用，而且在材料科学与工程、医学、文化艺术等领域也有广阔的应用前景。

在航空航天领域，SLA 模型可直接用于风洞实验，进行可制造性、可装配性检验。航空航天零件往往是在有限空间内运行的复杂系统，采用光固化成型技术以后，不但可以基于 SLA 原型进行装配干涉检查，还可以进行可制造性讨论评估，确定最佳的制造工艺，通过快速熔模铸造、快速翻砂铸造等辅助技术进行特殊复杂零件（如涡轮、叶片、叶轮等）的单件、小批量生产，并进行发动机等部件的试制和试验。图 2.7、图 2.8 为采用 SLA 技术制造的叶轮模型。

航空发动机上大多数零件是铸造加工成型的，对于高精度的母模制作，传统工艺成本极高且制作时间较长。采用 SLA 工艺，可以直接由 CAD 数字模型制作用于熔模制造的母模，且相较于传统铸造，SLA 工艺的时间和成本显著降低，在数小时之内，可以快速成型出结构复杂的母模。

图 2.7　用于 SLA 打印的三维模型

图 2.8　SLA 打印辅助制备实体零件

现代汽车制造业的特点为产品的多型号、短周期。为满足不同的生产需求，就需要不断地改型、提升。虽然计算机模拟技术不断完善，可以完成各种动力、强度、刚性分析，但研究开发中仍需要做成实物以验证其外观形象、工装可安装性和可拆卸性。对于形状、结构十分复杂的零件，可以采用光固化快速成型技术制作零件原型以验证设计人员的设计思想，并利用零件原型做功能性和装配性检验。

汽车发动机研发中需要进行流动分析实验，将透明的模型安装在一简单的实验台上，中间循环某种液体，在液体内加一些细小的粒子或细气泡以显示液体在流道内的流动情况。该技术已成功地用于发动机冷却系统（气缸盖、机体水箱）、进排气管等的研究。针对透明制造这一关键环节，传统制造方法时间长、花费高且精度低，而用 SLA 技术集合 CAD 造型仅仅需要 4～5 周的时间，且花费只为之前的 1/3，制作出的透明模型能完全符合基体水箱和气缸盖的 CAD 数据要求，模型表面质量也有大幅提升。图 2.9 为用于冷却系统流动分析的气缸盖模型。

图 2.9　气缸盖模型

随着消费水平的提高及消费者对个性化生活方式追求的日益增长，制造业中对电器产品的更新换代日新月异。不断改进的外观设计以及因为功能改变而带来的结构改变，都使得电器产品外壳零件的快速制作具有广泛的市场需求。在若干快速成型工艺方法中，光固化成型的树脂品质是最符合家用电器塑料外壳品质要求的，因此光固化快速成型在电器行业中有着相当广泛的应用。

（2）光固化成型工艺的影响因素

光固化成型的精度一直都是设备研发和用户制作原型过程中密切关注的问题。SLA 的核心就是将零件的三维离散成一组或多组二维薄层结构，对层结构逐一扫描实现层层凝结黏附，最终打印成三维实体结构。在加工中，制成件的精度与很多因素都有着必然联系。按照成型机的成型加工过程，成型件的精度与加工误差之间的关系如图 2.10 所示。

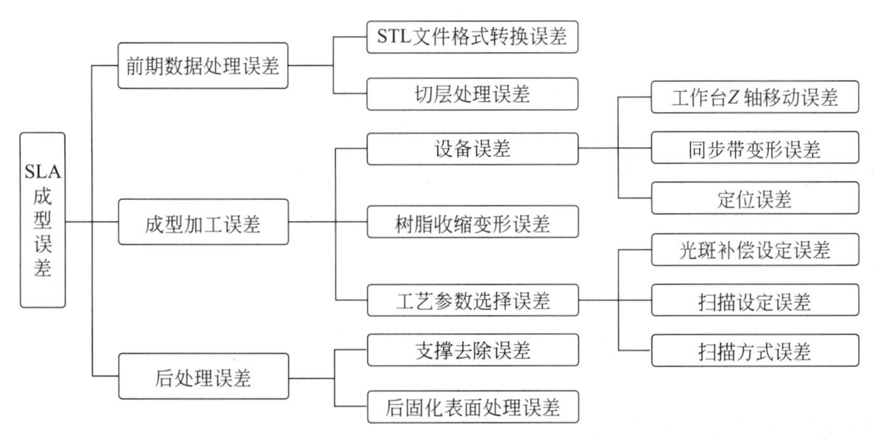

图 2.10　成型件的精度与加工误差之间的关系

2.1.5　衍生工艺原理及特点

（1）DLP 成型基本原理

传统的立体光刻快速成型技术都是使用紫外（ultraviolet，UV）灯作为固化光源。由于紫外光的能量不是很强，因此固化需要的时间较长，在生产制造时会使整个加工过程耗时较长，影响生产效率，而且紫外光辐射会对人体造成伤害。所以考虑将固化光源换成数字光源，也就是通常所说的数字光处理（digital light processing，DLP）立体光刻技术，这样可使整个固化过程加快，既节约能源，又提高生产效率。DLP 立体光刻技术是一种新型的成型技术，它是在立体光刻技术基础上改进形成的，这种技术还处在发展阶段，已在生产中逐渐得到使用。DLP 快速成型技术是利用切片软件将物体的三维模型切成薄片，将三维物体转化到二维层面，然后利用数字光源照射使光敏树脂一层一层地固化，最后层层叠加得到实体材料（图 2.11）。

（2）DLP 技术的特点

DLP 快速成型技术相比于传统加工方法有以下特点：首先这一技术节约时间，省时省钱，可以将整个设计周期进一步缩短，节约费用；其次它不需要切削工具等其他辅助工具，因此不需要复杂的过程，没有其他材料工具的损耗；再次这种技术不需要接触加工，因此没有加工后的废物产生，也没有其他振动和噪声产生，没有复杂的程序，全自动控制，可以不停歇地一直工作，节省人力；最后只需要一台机器就可制作出不同的模型，且打印精度比较高，容易实现快速原型设计。虽然 DLP 快速成型技术有很多的优点，但它还是有不足之处。如光敏树脂的价格都比较高，因此成本比较高；由于 DLP 快速成型技术所用的材料是光敏树脂，如果不避光保存，会对

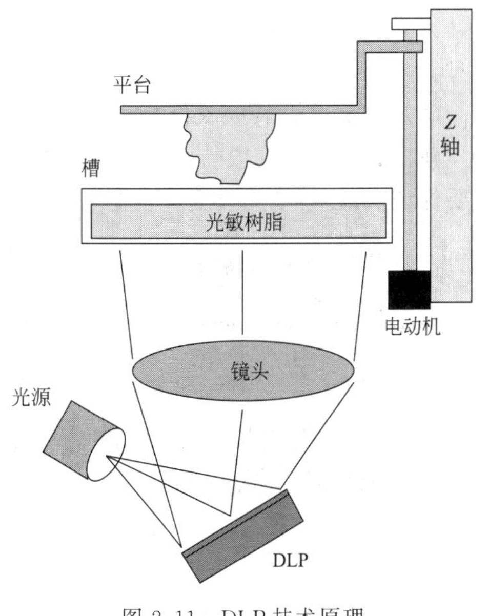

图 2.11　DLP 技术原理

树脂材料造成浪费。

随着立体光刻技术的不断发展，用于立体光刻技术的液态光敏树脂也得到了大家的广泛关注。现阶段应用比较广泛的光敏树脂主要还是UV光敏树脂，而且对UV光敏树脂的研究已经取得了很大进展。但是由于紫外光对人体有很大的伤害，而且固化速度相对较慢，DLP快速固化光敏树脂逐渐得到了人们的青睐。这种树脂固化快，大约比紫外光固化快5～8倍，而且固化时间可以根据实际需要进行调节。固化成型用的是数字灯光，这就避免了紫外光对人体的伤害，DLP工艺现已成为快速成型制造领域新的研究热点，在某些行业有替代传统光固化工艺的趋势。

2.2 熔融沉积成型工艺

2.2.1 熔融沉积成型工艺原理

熔融沉积成型（fused deposition modeling，FDM）是实现材料挤压成型的一种常见工艺手段，也可称为FLM（fused layer modeling/maunfacturing）。FDM工艺通过高温喷嘴熔融并挤出塑料线材，线材通过堆积、冷却、固化、逐层累积得到实体。加热喷头沿着X、Y水平面运动，丝状线材加热到熔融状态后挤出，快速冷却后形成截面轮廓和支撑结构，一层截面打印完成后，加热喷头向上移动一个层厚的高度，或者工作平台向下移动一个层厚的高度，再进行第二层的熔融沉积，逐层堆积，直至完成最后一层的沉积形成三维产品，如图2.12所示。

2.2.2 熔融沉积成型工艺流程

熔融沉积成型工艺流程如下。

（1）CAD三维造型阶段

三维模型是3D打印的基础。设计人员根据产品的要求，利用计算机辅助设计软件设计三维模型。三维建模的软件有通用全功能的3D设计软件3DS Max、Maya、Rhino、SketchUp等，行业性的3D设计软件Pro/ENGINEER、SOLIDWORKS、UG、CATIA等，简单的3D建模软件Tinkercad、123Design等。也可采用逆向造型的方法获得三维模型。

（2）STL文件转换及修复

建模完成后，一般需对其进行模型近似处理，主要是生成STL格式的数据文件。同时还要保证STL模型无裂缝、空洞、悬面、重叠面和交叉面，以免造成分层后出现不封闭的环和歧义现象。

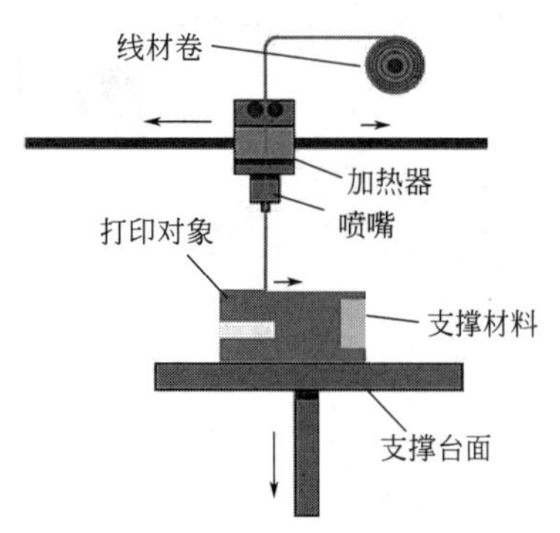

图2.12 FDM 3D打印原理

（3）模型成型摆放方位确定

将正确的STL文件导入相应的FDM成型设备中，即可调整模型制作的摆放方位。一般遵循以下几个依据：

① 模型表面质量。一般情况下，若考虑模型的表面质量，应将对表面质量要求高的部分置于上表面或水平面。

② 模型强度。模型强度在FDM成型中比其他成型工艺更为重要。

③ 支撑材料的添加。支撑结构必须稳定，保证支撑本身和上层物体不发生塌陷；支撑结构的设计应尽可能少使用材料，以节约打印成本，提高打印效率；可以适当改变物体面和支撑接触面的形状使支撑更容易被剥离。

④ 成型时间。为了减少成型时间，应选择尺寸小的方向作为叠层方向。

（4）切片分层

分层参数的确定就是对加工路径的规划以及支撑材料的添加过程。分层参数包括层厚参数、路径参数以及支撑参数等。分层参数设定结束后，对放置好的模型进行分层，自动生成辅助支撑和原型堆积基准面，储存为相应的3D打印成型设备能识别的格式。

（5）成型过程

在计算机的控制下，电动机驱动送料机构使丝材不断地向喷头送进，丝材在喷头中通过加热器加热成熔融态；计算机根据分层界面信息控制喷头沿一定的路径和速度移动，熔融态材料从喷头中不断挤出，随即与前一层黏结在一起。每成型一层，喷头上升一截面层的高度或工作台下降一层的高度，继续填充下一层，如此反复，直至完成整个实体造型。

为了节省材料成本和提高效率，目前很多FDM设备采用双喷头设计，两个喷头分别成型模型实体材料和支撑材料。采用双喷头工艺可以灵活地选择具有特殊性能的支撑材料（如水溶材料、低于模型材料熔点的热熔材料等），便于除去支撑材料。

FDM后处理主要是对原型进行表面处理，除了除去支撑外，还包括对模型的抛光打磨。除去支撑常用的工具是锉刀和砂纸，不过在去除支撑的时候很容易伤到打印对象和操作人员。打磨的目的是去除零件毛坯上的各种毛刺、加工纹路，并且在必要的时候对机加工过程遗漏或者无法加工的细节做修补。抛光的目的是在打磨工序后进一步加工使零件表面更加光亮平整，产生近似于镜面的效果。主要的抛光方法包括机械处理、热处理、表面涂层处理和化学处理。

（6）机械处理

处理大型零件时，需要使用打磨机、磨砂轮、喷砂机等设备，普通塑料件外观面一般使用800目砂纸抛光处理两次以上。使用的砂纸目数越高，工件表面越光滑。

珠光处理（bead blasting）是另一种常用的后处理工艺，可用于大多数FDM材料。它可用于产品开发到制造的各个阶段，从原型设计到生产都能用。珠光处理喷射的介质是经过精细研磨的热塑性颗粒，操作人员手持喷嘴对抛光对象高速喷射介质从而达到抛光的效果。珠光处理一般比较快，5～10min即可处理完成，处理过后产品表面光滑有均匀的亚光效果。珠光处理一般是在一个密闭的腔室内进行的，对处理的对象有尺寸限制，而且整个过程需要用手拿着喷嘴，一次只能处理一个，不能大规模应用。珠光处理还可以为对象零部件后续上漆、涂层和镀层做准备。

（7）热处理

每种高分子材料的结构（柔性和刚性分子链）和热学性能都不尽相同，因而需要采用的热处理工艺（温度、时间、冷却过程）也有所不同，目前这一方面十分缺乏。即使是高分子专业人士，也需要经过大量实验才能给出合适的热处理工艺参数，实验耗时耗力。

（8）表面涂层

对FDM打印件进行表面涂层处理，其原理同墙体粉刷。液态线材逐层填充3D打印件的表面间隙、凹坑，并在重力和表面张力的作用下流延，从而提高FDM打印件表面的均匀性和平滑性，进而提高制品表面的光泽性和光滑度。

(9) 化学处理

化学处理是基于高分子物理中的溶解度参数理论。有机溶剂经高温加热乳化配置成水溶液后，其塑料件表面层有较好的相溶性，蒸汽或水溶液溶解在塑料件表层，产生溶胀作用，使其达到均匀打磨效果。换言之，溶剂处理可以在短时间内使3D打印制品变成高质量的成品。

2.2.3 熔融沉积成型工艺特点

FDM的工作原理是将加工成丝状的热熔性材料（ABS、PLA、蜡等），经过送丝机构送进热熔喷嘴，在喷嘴内丝状材料被加热熔融；同时喷头沿零件层片轮廓和填充轨迹运动，并将熔融的材料挤出，使其沉积在指定的位置后凝固成型，与前一层已经成型的材料黏结，层层堆积最终形成产品模型。

FDM打印耗材对线丝的要求比较严格，材料经过齿轮卷进喷头，齿轮和固定轮之间的距离是恒定的。若丝线太粗，则会造成无法送丝或损坏送丝机构；反之，丝线太细，送丝机构会感应不到丝的存在。因此要求丝材具有固定的规格，分为直径1.75mm和3mm两种。FDM采用热塑成型的方法，丝材要经受“固态—液态—固态”的转变，对材料的特性、成型温度、成型收缩率等有着特定的要求，这不仅限制了所用材料的种类，也增加了打印机的研发难度。不同的材料有着不同的成型温度、不同的收缩率以及不同的性能等。除了这些常用的材料外，FDM使用的材料还有俗称聚纤维酯的PPSF/PPSU、PEI塑料ULTEM 9085以及水溶性材料。PPSF/PPSU是所有热塑性材料里面强度最高、耐热性最好、抗腐蚀性最高的材料，呈琥珀色，热变形温度接近190℃；ULTEM 9085强度高、耐高温、抗腐蚀，热变形温度在150℃左右，收缩率仅为0.1%～0.3%，稳定性极好。

但是一些情况下，单一的成型材料所具有的特性并不能满足需要，因此，相关研究人员将不同成型材料进行了复合，以使复合后的成型材料具有不同原材料的特性。例如，已经广泛使用的PC-ABS成型材料，便具备了ABS材料的韧性和PC材料的高强度及耐热性。以一种成型材料为基础，通过添加不同的成分或经过特殊的处理方法，可使材料的某些性能得到改善，因而每种成型材料又会具有不同的分类。例如，ABS材料分为ABS-M30、ABS-30i、ABS-M60、ABS-ESD7等；PC材料有PC与PC-ISO的区分。另外，通过添加不同颜色的色素，可以加工出不同颜色的丝材（图2.13），打印出的产品更具可观性，如图2.14所示。

图2.13 各种颜色的打印材料

图2.14 打印的制品

与其他工艺相比，FDM 成型具有以下优势：

① 运行成本低，操作和维护简单。FDM 成型设备采用的是热熔型喷头挤出成型，不需要价格高昂的激光器，不用定期调整，从而维护成本降到了最低水平。

② 成型材料广泛。FDM 成型材料一般采用高分子聚合物，如 ABS、PLA、PC、石蜡、尼龙等。FDM 也可以成型金属零件。

③ 环境友好，安全环保。FDM 成型材料大部分是无毒的热塑性材料，在成型过程中无化学变化，不产生毒气，也不产生颗粒状粉尘，不会在设备中或附近形成粉末或者液体污染。此外，FDM 成型材料可以回收利用，实现循环使用。

④ 后处理简单。FDM 成型支撑一般采用水溶式和剥离式。水溶式支撑可以大大减少后处理时间，保证成型件的精度；剥离式支撑也仅需几分钟就可以与原型剥离。

⑤易于搬运，对环境无限制。目前桌面级 FDM 成型设备体积小巧，对环境几乎没有任何限制，可在办公环境中安装使用。

同样，FDM 成型工艺的缺点也显而易见，主要有以下几点：

① FDM 成型件成型精度较低，成型件表面有较明显的条纹，不能成型对精度要求较高的零件；

② 成型件沿叠层方向的强度比较差，易发生层间断裂现象；

③ 需要设计和制作支撑结构，对于内部具有很复杂的内腔、孔等零件，去除支撑比较麻烦；

④ 由于采用喷头运动，且需要对整个截面进行扫描填充，成型时间较长，不适合成型大型零件。

2.2.4 熔融沉积成型工艺应用及影响因素

（1）熔融沉积成型工艺应用

FDM 技术已被广泛应用于汽车、机械、航空航天、家电、通信、电子、建筑、医学、玩具等产品的设计开发过程，如产品外观评估、方案选择、装配检查、功能测试、用户看样订货、塑料件开模前校验设计以及少量产品制造等，也应用于政府、大学及研究所等机构。用传统方法需几个星期、几个月才能制造的复杂产品原型，用 FDM 成型法无需使用任何刀具和模具，短时间内便可完成。

① 教育科研：一些大学已经将 3D 打印广泛用于教学科研。例如一些本科及高职院校可以通过 3D 打印机培养学生硬件设计、软件开发、电路设计、设备维护、三维建模等方面的能力，老师们也可以通过 3D 打印机打印教具，比如分子模型、数字模型、生物样本、物理模型等；而中小学则可以通过 3D 打印机培养学生的三维设计、三维思考能力并且提高动手能力，帮助学生将想法快速变为现实。有一些机器人大赛、方程式赛车等也用上了 3D 机打印零部件。图 2.15 为 FDM 3D 打印的城堡制品。

② 汽车领域：FDM 主要的材料是工程材料，适合目前汽车行业塑料零部件使用，并趋向于选择新型的材料进行试制。主要用于制作汽车尾灯原型及其他需要让光线穿透的部件。例如采用 FDM 工艺制作右侧镜支架和四个门把手的母模，使得 2000 年的 Avalon 车型制造成本显著降低。

③ 电子电器领域：目前电子电器零部件在向不同的方向发展，要求做到小型、质轻、耐高温，特殊场合需要减少静电的发生，因此 FDM 技术广泛用于电子元器件的装配夹具和辅助工具、电子消费品与包装行业。

图 2.15　FDM 3D 打印的城堡制品

④ 医疗领域：FDM 技术中聚乳酸是较常用的 3D 打印材料，其具备良好的生物共存性、可降解性和材料自身形状记忆功能，打印的心脏支架可有效克服金属支架需人工取出的缺陷。同时 FDM 作为新型的骨科内固定材料（如骨钉、骨板）有很大可能被广泛使用，其可被人体吸收代谢的特性使病人免受二次开刀之苦。图 2.16 为 FDM 3D 打印的下颚骨。

⑤ 航空航天领域：美国弗吉尼亚大学的工程师大卫・舍弗尔和工程系学生史蒂芬・伊丝特、乔纳森・图曼共同研制出了一架利用 FDM 技术打印而成的无人飞机（图 2.17）。这个飞机使用的原料是 ABSplus 材料，它的机翼宽 6.5ft（约 1.98m），由打印零件装配构成。该架 3D 打印的飞机模型可用于教学和测试。原来为了设计建造一个塑料涡轮风扇发动机需要两年时间，而且成本很高，但是使用 3D 技术，设计和建造这架 3D 飞机仅用了 4 个月时间，成本大大降低。

图 2.16　FDM 3D 打印的下颚骨

图 2.17　FDM 打印的无人机

（2）熔融沉积成型影响因素

FDM 工艺是一个含 CAD/CAM、数控、材料、工艺参数设置及后处理的集成制造过程，每一环节都会产生误差，从而影响成型件的精度以及力学性能。按照误差产生的来源可分为原理性误差、工艺性误差和后处理误差，如图 2.18 所示。原理性误差是指成型原理及成型系统产生的误差，是无法避免和降低的，或者消除成本较高。工艺性误差是指成型工艺过程产生的误差，是可以改善的且消除成本较低。后处理误差是指成型件后处理过程中产生的误差。

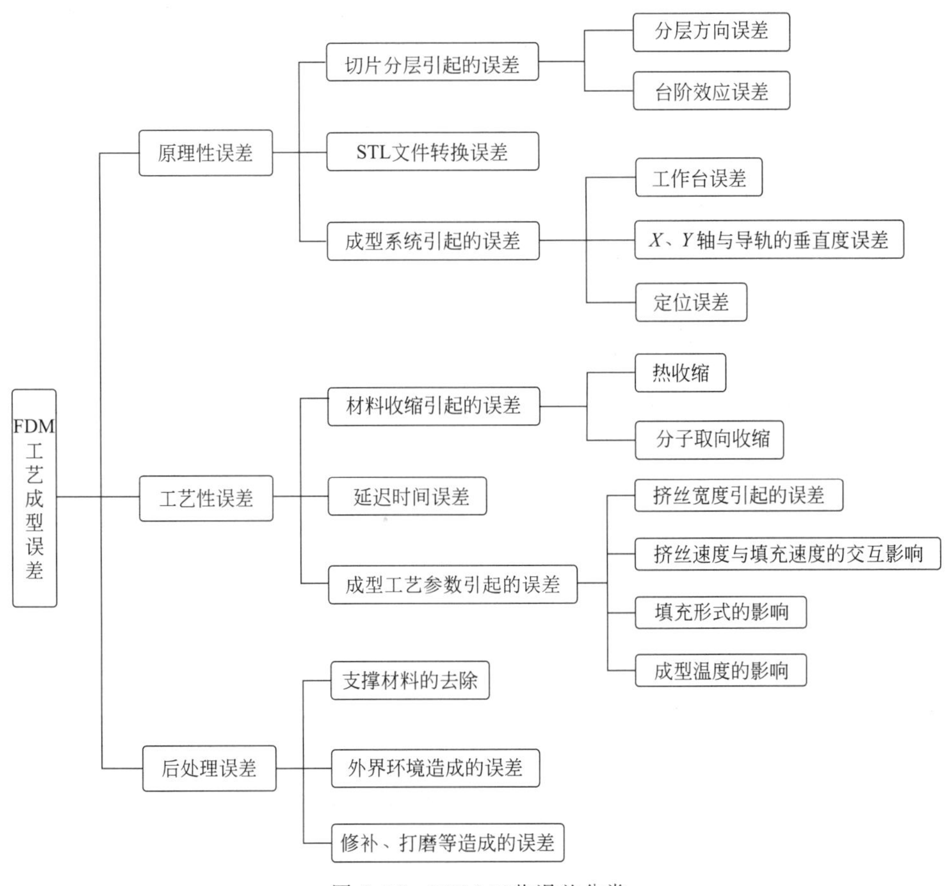

图 2.18　FDM 工艺误差分类

2.2.5　衍生工艺原理及特点

（1）熔丝制造技术

熔丝制造技术 FFF（fused filament fabrication）和熔融沉积成型工艺原理相似，只是对材料的形状进行了限定。在熔丝制造技术工艺中，将热塑性长丝送入加热的喷头中，熔化或液化，然后挤出并沉积在构建模型的基板上。当熔融材料沉积时，台架在水平 X-Y 平面内移动喷头。在完成 X-Y 平面中的沉积之后，加热底板垂直移动（在 Z 轴上），沉积层固化并与相邻层黏合/焊接，形成所需的 3D 几何形状。由于 FFF 3D 打印技术是基于丝材层层叠起的原理实现制品成型的，因此仔细去观察用 FFF 3D 打印技术打印出来的物件会见到物件表面有一条条横纹（图 2.19），横纹就是胶丝层层叠起的结果。横纹明不明显主要取决于 3D

图 2.19　成型产品

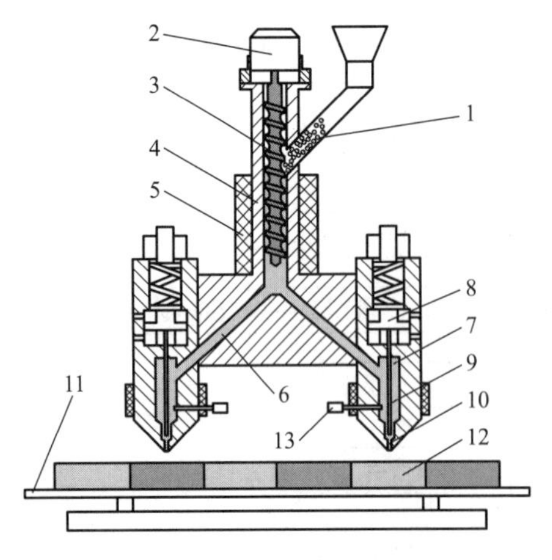

图 2.20　熔体微分 3D 打印基本原理

1—粒料；2—驱动电动机；3—螺杆；4—机筒；5—加热套；6—热流道；7—阀腔；8—阀针驱动装置；9—阀针；10—喷嘴；11—基板；12—制品；13—压力检测装置

打印机的精细度，如果要求高质量，3D 打印出来的横纹就会更细小，所以横纹明显度也会降低，当然打印所需的时间就会更长。

(2) 熔体微分 3D 打印技术

熔体微分 3D 打印是基于熔融沉积成型方法的一种成型工艺，其成型过程包括耗材熔融、按需挤出、堆积成型三部分。其基本原理（图 2.20）是：将热塑性粒料在机筒中加热熔化后，并由螺杆挤压，输送至热流道；熔体经热流道均匀分配至各阀腔中，阀针在外力作用下开合，将熔体按需挤出喷嘴，形成熔体微单元。此外，制品电子模型除按层分离外，在同一层内还均匀划分成多个填充区域。在堆积过程中，熔体微分单元按需填充相关区域，并层层堆积，最终形成三维制品。

熔体微分 3D 打印成型方法具有以下特点：采用螺杆式供料装置，可以加工热塑性粒料及粉料，避免了丝状耗材的打印局限，拓展了熔融堆积类 3D 打印的应用范围；采用针阀式结构作为熔体挤出的控制装置，避免了开放式喷嘴容易流延的缺点，通过控制阀针开合能够精确控制熔体的挤出流量和挤出时间，提高熔体微分单元的精度；在加工大型制品时，通过多喷嘴同时打印的方法可以成倍提高 3D 打印的效率。

2.3　粉末激光烧结成型工艺

2.3.1　粉末激光烧结成型工艺原理

选择性激光烧结（selected laser sintering，SLS）又称粉末激光烧结，是一种采用激光，有选择地分层烧结固体粉末，并使烧结成型的固化层逐层叠加生成所需零件的工艺。激光烧结工艺的原理如图 2.21 所示。该工艺通常采用红外激光器作为能源，造型材料多为各种粉末状材料（如塑料粉、陶瓷和黏结剂的混合粉、金属与黏结剂的混合粉）。成型时采用铺粉辊将一层粉末材料铺平在已成型零件截面的上表面，并加热至恰好低于该粉末烧结点的某一温度；控制系统控制激光束按照该层的界面轮廓在分层上扫描，使粉末的温度升至熔化点，进行烧结并与下面已经成型的部分实现黏结。当一层截面烧结完成后，工作台下降一个层的高度，铺粉辊又在上面铺上一层均匀密实的粉末，进行新一层截面的烧结，如此循环直到完成整个模型。全部烧结完后去除多余粉末，再进行打磨、烘干等处理便可获得零件。

目前，根据 SLS 成型材料以及烧结件是否需要二次烧结，金属粉末 SLS 技术分为直接法和间接法。直接法是指烧结件直接为全金属制件；间接法金属 SLS 的烧结件为金属粉末与聚合物黏结剂的混合物，要经过降解聚合物、二次烧结等后处理工序才能得到全金属制件。

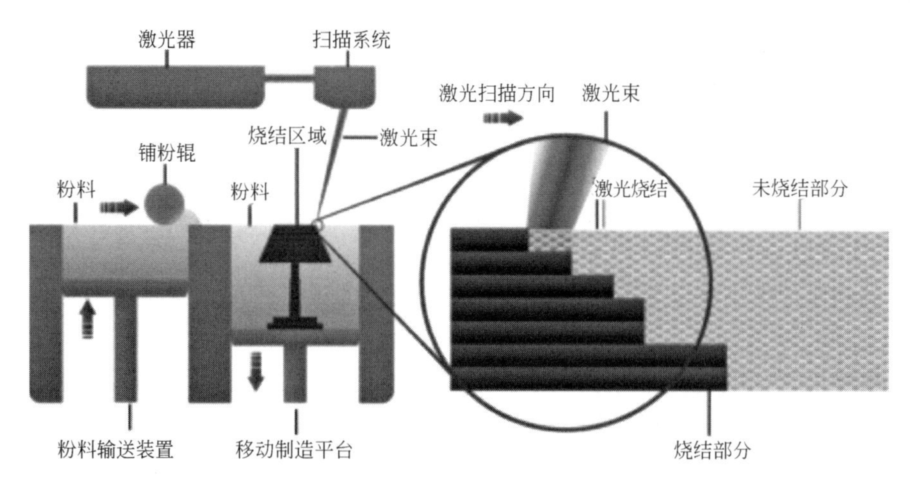

图 2.21 激光烧结工艺原理

2.3.2 粉末激光烧结成型工艺流程

和其他 3D 打印过程一样，粉末激光烧结 3D 打印工艺过程也分为前处理、叠层制造以及后处理三个阶段。下面以某壳类零件的原型制作为例介绍粉末激光烧结 3D 打印工艺过程。

(1) CAD 模型及 STL 文件

各种快速原型制造系统的原型制作过程都是在 CAD 模型的直接驱动下进行的，因此有人将快速原型制作过程称为数字化成型。CAD 模型在原型的整个制作过程中相当于产品在传统加工流程中的图纸，它为原型的制作过程提供数字信息。用于构造模型的计算机辅助设计软件应有较强的三维造型功能，包括实体造型（solid modeling）和表面造型（surface modeling）。后者对构造复杂的自由曲面具有重要作用。

商用造型软件 Pro/E、UG NX、Catia、Cimatro、Solid Edge、MDT 等的模型输出文件有很多种，一般都可提供 STL 数据格式，而 STL 数据文件的内容是将三维实体的表面三角形化，并将其顶点信息和法矢有序排列起来生成的一种二进制或 ASCⅡ信息。随着 3D 打印制造技术的发展，由美国 3D 系统公司首先推出的 CAD 模型的 STL 数据格式已逐渐成为国际上承认的通用格式。

(2) 三维模型切片处理

SLS 技术等快速原型制造方法是在计算机制造技术、数控技术、激光技术、材料科学等的基础上发展起来的。在快速原型 SLS 制造系统中，除了 3D 打印设备的硬件外，还必须配备将 CAD 数据模型、激光扫描系统、机械传动系统和控制系统连接起来并协调运动的专用操控软件。该软件通常被称为切片软件。

由于 3D 打印是按一层层截面形状来进行加工的，因此加工前必须在三维模型上用切片软件，沿形成的高度方向，每隔一定的间隔进行切片处理，以便提取界面的轮廓。间隔的大小根据被成型件精度和生产率的要求来选定。间隔越小，精度越高，但成型时间越长；反之，间隔越大，精度越低，成型时间越短。间隔的范围为 0.1～0.3mm，常用 0.2mm 左右，在此取值下，能得到比较光滑的成型曲面。切片间隔选定之后，成型时每层烧结材料的粒度均应与其相适应。显然，层厚不得小于烧结材料的粒度。

（3）分层烧结堆积过程

从 SLS 技术的原理可以看出，该制造系统主要由控制系统、机械系统、激光器及冷却系统等几部分组成。SLS 3D 打印工艺的主要参数如下：

① 激光扫描速度影响着烧结过程的能量输入和烧结速度，通常根据激光器的型号规格进行选定。

② 激光功率应当根据层厚的变化与扫描速度综合考虑选定，通常根据激光器的型号规格不同按百分比选定。

③ 烧结间距的大小决定着激光的烧结路线和粉材的致密程度，影响烧结过程中激光能量的输入。

④ 单层厚度直接影响制件的加工烧结时间和制件的表面质量，单层厚度越小，制件台阶纹越小，表面质量越好，越接近实际形状，同时加工时间也越长，并且单层厚度对激光能量的需求也有影响。

⑤ 扫描方式是激光束在“画”制件切片轮廓时所遵循的规则，它直接影响该工艺的烧结效率并对表面质量有一定影响。

（4）制件清理

制件清理是将成型件附着的未烧结粉末与制件分离，露出制件真实烧结表面的过程。制件清理是一项细致的工作，操作不当会对制件质量产生影响。大部分附着在制件表面的敷粉可采用毛刷刷掉，附着较紧或细节特征处应仔细剔除。制件清理过程在整个成型过程中是很重要的。为保证原型的完整和美观，要求工作人员熟悉原型，并有一定的技巧。

（5）后处理

为使烧结件在表面状况或机械强度等方面具备某些功能性需求，保证其尺寸稳定性、精度等方面的要求，需要对烧结件进行相应的后处理。对于具有最终使用性功能要求的原型制件，通常采取渗树脂的方法对其进行强化；而用作熔模铸造型芯的制件，通过渗蜡来提高表面光洁度。另外，若原型件表面不够光滑，其曲面上存在因分层制造引起的小台阶以及因 STL 格式化造成的小缺陷，如较小的特征结构（如孤立的小柱、薄筋）可能强度、刚度不足，原型的某些尺寸、形状还不够精确，制件表面的颜色不符合产品的要求等，通常需要修整、打磨、抛光和表面涂覆等后处理工艺。

2.3.3 粉末激光烧结成型工艺特点

2.3.3.1 粉末激光烧结工艺特点

选区激光烧结工艺作为 3D 打印技术的重要组成，是目前发展较快、应用较广的快速成型制造技术。与其他 3D 打印技术相比，SLS 选材广泛，无须设计支撑结构就可直接生产注塑模具金属零件等功能性产品。选择性激光烧结工艺工作时依据零件的三维 CAD 模型，经过格式转换后，对其分层切片，得到各层截面的轮廓形状，然后用激光束选择性地烧结一层层粉末材料，形成各截面的轮廓形状，再逐步叠加成三维立体零件。该工艺的特点如下：

① 可采用多种材料。从原理上来说，选区激光烧结可采用加热时黏度降低的任何粉末材料，通过材料或各类含黏结剂的涂层颗粒制造出任何实体，适应不同的需要。

② 制造工艺比较简单。根据原料的不同，激光选区烧结工艺可以直接生产原型复杂的零件、型腔模的三维构件及工具。例如可直接生产蜡模铸造模型和金属注塑模等，在一定程度上可减少母模的生产。

③ 高精度。依赖于使用的材料种类和直径、产品的几何形状和复杂程度，该工艺一般能够达到工件整体范围内±（0.05～2.5mm）的公差。当粉末粒径为0.1mm以下时，成型后的原型精度可达±10%。

④ 无须支撑结构。和LOM工艺类似，激光选区烧结工艺也无须设计支撑结构。叠层过程中出现的悬空层面可直接由未烧结的粉末实现支撑。

⑤ 材料利用率高。由于不需要支撑结构，也不像LOM工艺那样出现许多工艺废料，并且不需要制作基底支撑，因此该工艺在常见的基础3D打印工艺中，材料利用率是最高的，可认为接近100%。

选区激光烧结工艺的缺点如下：

① 成型零件精度有限。在激光烧结过程中，热塑性粉末受激光加热作用要由固态变为熔融态或半熔融态，然后再冷却凝结为固态。在上述过程中会产生体积收缩，使成型工件尺寸发生变化，因收缩还会产生内应力，再加上相邻层间的不规则约束，以致工件产生翘曲变形，严重影响成型精度。

② 成型制品易变形。无法直接成型高性能的金属和陶瓷零件，成型大尺寸零件时容易发生翘曲变形。

③ 设备维护成本高。由于使用了大功率激光器，整体制造和维护成本非常高，一般消费者难以承受。

④ 成型制品价格高。目前成型材料的成型性能仍不理想，成型坯件的物理性能通常不能满足功能性制品的要求，并且成型性能较好的国外材料价格比较昂贵，生产成本非常高。

2.3.3.2 粉末激光烧结成型工艺材料

一般来说，粉末激光烧结3D打印工艺对烧结材料的要求如下：具有良好的烧结成型性能，即无须特殊工艺即可快速精确地成型；直接制作功能件时，其力学性能和物理性能（包括强度、刚性、热稳定性及加工性能）要满足使用要求；当成型件被间接使用时，要有利于快速、方便地进行后续处理和加工。常用的选择性激光烧结快速工艺采用的材料如下：

（1）蜡粉

选择性粉末激光烧结3D打印用的蜡粉既要具备良好的烧结成型性，又要考虑后续的精密铸造工艺。传统的熔模精铸用蜡（烷烃蜡、脂肪酸蜡等）熔点在60℃左右，烧融时间短，烧融后残留物少，但其蜡膜强度较低，难以满足精细、复杂结构铸件的要求。另外其对温度敏感，烧结时熔融流动性大，使成型不易受控制，并且粉末的制备也比较困难。针对这一情况，国内外学者研制了较低熔点的高分子蜡复合材料，用于代替传统3D打印加工所使用的蜡粉。为满足精密铸造的要求，开发可达到精铸蜡模要求的烧结蜡粉正在积极研究中。

（2）聚苯乙烯

聚苯乙烯（PS）属于热塑性塑料，其受热后可融化、黏结，再冷却后可以固化成型。聚苯乙烯材料吸湿率小，仅为0.05%，收缩率也比较小，其粉末材料经改性后，可以作为选择性激光烧结用粉末材料。该粉末材料熔点较低，烧结变形小，成型性良好，且粉末材料可以重复利用。烧结的成型件经树脂浸泡后可进一步提高制品强度；经浸蜡处理后，也可以作为精密铸造的蜡模使用。由于其成本低廉，目前是国内使用最为广泛的一种选择性粉末激光烧结3D打印材料。

（3）工程塑料

工程塑料（ABS）与聚苯乙烯的烧结成型性能相近，烧结温度比聚苯乙烯材料高20℃

左右。由于ABS烧结成型的工件力学性能较好，因此在国内外被广泛用于制作性能要求高的功能型零件。

（4）聚碳酸酯

聚碳酸酯（PC）烧结性能良好，烧结成型工件力学性能高、表面质量较好，且脱模容易，主要用于制造熔模铸造的消失模，比聚苯乙烯更适合制作形状复杂、多孔、薄壁铸件。另外，聚碳酸酯烧结件可以通过渗入环氧树脂及其他热固性树脂来提高其密度和强度来制作一些要求不高的模型。

（5）尼龙

尼龙材料（PA）可由选择性激光烧结成型方法烧制成功能零件，目前应用较多的有四种成分的材料：标准的DTM尼龙、DTM精细尼龙、DTM医用级的精细尼龙、原型复合材料。

（6）金属粉末

粉末激光烧结快速成型采用的是金属粉末，按其组成情况可以分为三种：单一的粉末；两种金属粉末的混合体，其中一种具有低熔点，可视为黏结剂，有利于增强打印制品的强度；金属粉末和有机树脂粉末的混合体。目前多采用有机树脂包覆的金属粉末进行激光烧结3D打印制造工件。

（7）覆膜陶瓷粉末

覆膜陶瓷粉末制备工艺与覆膜金属粉末工艺类似。常用的陶瓷颗粒为Al_2O_3、ZrO_2和SiC等。采用的黏结剂为金属黏结剂和塑料黏结剂（包括树脂、聚乙烯蜡、有机玻璃等），有时也采用无机黏结剂，如聚甲基丙烯酸酯作为黏结剂，可以制备铸造用陶瓷壳。

（8）覆膜砂

可以利用铸造用的覆膜砂进行选择性激光烧结快速成型制备形状复杂的工件型腔来生产一些形状复杂的零件，也可以直接制作型芯等。铸造用的覆膜砂制备工艺已比较成熟。

（9）纳米材料

用粉末激光烧结快速成型工艺来制备纳米材料是一项新工艺。目前所烧结的纳米材料多为基体材料与纳米颗粒的混合物，由于纳米颗粒极其微小，在不是很大的激光能量冲击作用下，纳米颗粒粉末就会发生飞溅，因而利用SLS方法烧结纳米粉体材料是比较困难的。

2.3.4 粉末激光烧结成型工艺应用及影响因素

2.3.4.1 工艺应用

目前SLS技术已被广泛应用于航天航空、机械制造、建筑设计、工业设计、医疗、汽车和家电等行业。

（1）模具制造领域

SLS可以选择不同的材料粉末制造不同用途的模具。用SLS工艺可以直接烧结金属模具和陶瓷模具，用作注塑、压铸、挤塑等塑料成型模以及钣金成型模。

（2）原型制作领域

SLS特别适宜整体制造具有复杂形状的金属功能零件。在新产品试制和零件的单件小批生产中，不需复杂工装及模具，可大大提高制造速度，并降低制造成本。

（3）医学应用领域

由于SLS工艺烧结的零件具有很高的孔隙率，因此其在医学上可用于人造骨骼的制造。国外对SLS技术制备的人造骨骼进行的临床研究表明，采用SLS工艺制作的人造骨骼具有很好的相容性。

2.3.4.2 影响因素

SLS工艺的成型质量受多重因素制约，包括成型前数据的转换、成型设备的机械精度、成型过程中的工艺参数以及成型材料的性质等，各参数间既相互联系又各自对烧结精度有一定的影响。

(1) 原理性误差

某些粉末在室温下就会有结块的倾向，这种自发的变化是因为粉体的稳定性比块体材料差，即粉体处于高能状态。烧结的驱动力一般为体系的表面能和缺陷能。所谓缺陷能，是畸变或空位缺陷所储存的能量。粉末越细，粉体的表面积越大，即表面能越高。新生态物质的缺陷浓度较高，即缺陷能较高。由于粉末颗粒表面的凹凸不平和粉末颗粒中的孔隙都会影响粉末的表面积，因此原料越细，活性越高，烧结驱动力越大。从这个角度讲，烧结实际上是体系表面能降低修复缺陷的过程，借助高温激活粉末中原子、离子等的运动和迁移，从而使粉末颗粒间增加黏结面，降低表面能，形成稳定的、所需强度的制品。烧结开始时粉体在熔点以下的温度加热，在表面能（表面积）减小的过程中发生物理和化学变化及物质传输，从而使得颗粒结合起来，由松散状态逐渐致密化，且其机械强度大大提高。烧结的致密化过程是依靠物质传递和迁移来实现的，存在某种推动作用使物质传递和迁移。粉末颗粒尺寸越小，成型后总表面积越大，制品的表面能越高，故对成型件加压，可减小由于接触面积小、总表面积大产生的高表面能状态。根据最小能量原理，在烧结过程中，颗粒将自发地发生不可逆过程，而系统表面能降低、表面张力增加是有利于制品成型的重要方法。

(2) 工艺性误差

SLS过程中，烧结制件会发生收缩。如果粉末材料是球形的，在固态未被压实时，最大密度只有全密度的70%左右；烧结成型后，制件的密度一般可达到全密度的93%以上。所以，烧结成型过程中密度的变化必然引起制件的收缩。烧结后制件产生收缩的主要原因是粉末密度变大，体积缩小（熔固收缩）。这种情况不仅与材料的特性有关，而且与粉末密度和激光烧结过程中的工艺参数有关。其次是因为制件的温度从工作温度降到室温产生的收缩变形（温致收缩）。熔固收缩和温致收缩对SLS成型精度的影响在增材制造产品设计过程中需要提前给予考虑。

2.3.5 衍生工艺原理及特点

(1) 电子束选区熔化成型（EBSM）

电子束选区熔化成型和粉末激光成型的原理相似，只是将红外激光器用电子束替代。EBSM原理示意图如图2.22所示。EBSM在真空环境下进行，预先在成型平台上铺展一层金属粉末，电子束在粉末层上扫描三维模型的一个截面，选择性熔化粉末材料；上一层成型完成后，成型平台下降一个粉末层厚度的高度，然后铺设一层新的粉末，电子束继续选择性熔化三维模型的下一个截面，并使之与上一个截面结合。如此反复，直至三维模型的所有截面都被熔化并相互结合在一起，形成三维实体零件。实体零件周围的未熔化粉末可以回收再利用。

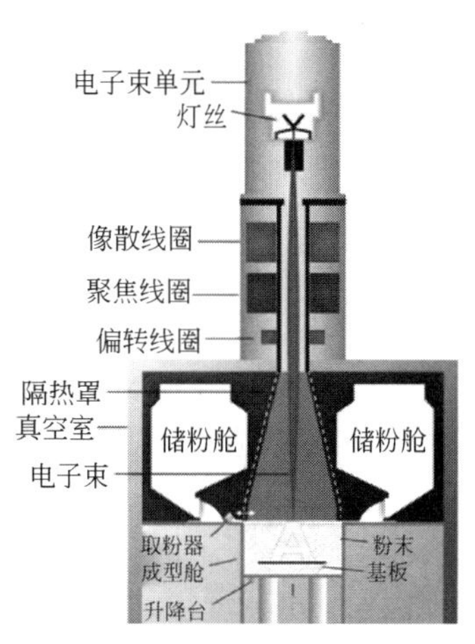

图2.22 EBSM原理示意图

对于高熔点的材料，增材制造需要依赖高能量密度的热源。目前用于增材制造的热源主要为激光和电子束。相对于目前使用较多的激光来说，电能转换为电子束的效率更高，材料对电子束能的吸收更好、反射更小。因此，电子束可以形成更高的熔池温度，成型一些高熔点材料甚至是陶瓷材料。并且，电子束的穿透能力更强，可以完全熔化更厚的粉末层。在EBSM工艺中，铺粉层厚超过75μm，甚至达到了200μm，在提高沉积效率的同时，电子束依然能够保证良好的层间结合质量。同时，EBSM技术对粉末的粒径要求更低，可成型的金属粉末粒径范围为45～105μm甚至更粗，降低了粉末耗材成本。

EBSM工艺利用磁偏转线圈产生变化的磁场驱使电子束在粉末层上快速移动、扫描。在熔化粉末层之前，电子束可以快速扫描、预热粉床，使温度均匀上升至较高（大于700℃），减小热应力集中，降低制造过程中成型件翘曲变形的风险；成型件的残余应力更低，可以省去后续的热处理工序。

（2）三维印刷成型（3DP）

3DP技术也是一种粉末材料快速成型技术，即采取粉末原料成型，如淀粉、石膏粉末、陶瓷粉末、金属粉末、复合材料粉末等，将三维软件绘制好的零件图形，通过软件进行切片分层并生成加工代码文件；将这些指令代码文件通过计算机导入打印机内，控制喷头将每一层截面“印刷”在基体粉末原料之上，从下至上逐层叠加后形成打印坯，经过后处理（烧结等）形成完整的制品零件。3DP设备的工作原理类似喷墨打印机，直到把一个零件的所有层打印完毕得到打印坯，并经过一定的后处理（如烧结等）而得到最终的打印制件。另外，3DP设备喷出的不是墨水，而是黏结剂。3DP的制坯工艺过程如图2.23所示。

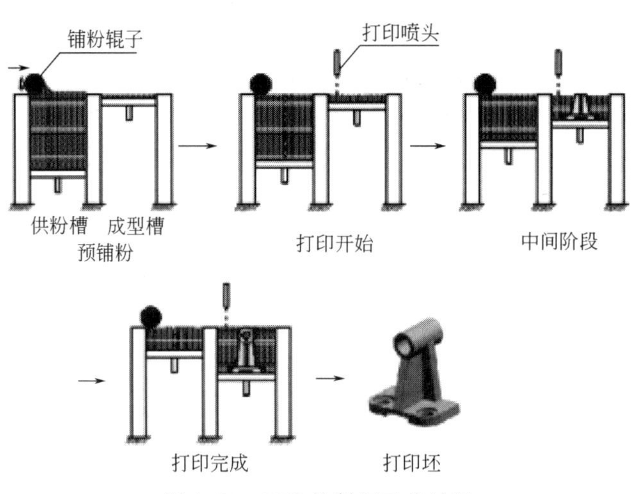

图2.23　3DP的制坯工艺过程

3DP技术具有以下一些优点：

① 加工速度快。

② 设备具有较低的制造成本与运行成本。

③ 能够制造彩色零部件。

④ 成型材料无味、无毒、无污染、成本低、品种多、性能高。

⑤ 柔性高。生产过程不受零件的形状结构等多种因素的限制，能够完成各种复杂形状零件的制造。

同时该技术也存在以下问题：

① 成型精度不高：3DP 的成型精度分为打印精度和烧结等后处理的精度。打印精度主要受喷头距粉末床的高度、喷头的定位精度以及铺粉情况的影响，而在黏结等过程中产生的收缩变形、裂纹与孔隙等都会影响零件的精度与表面质量。

② 制件强度较差：由于采用粉末黏结原理，初始打印坯强度不高，而经过后续烧结的打印制件其强度也会受到烧结气氛、烧结温度、升温速率、保温时间等多方面因素的影响，因此确定合适的烧结工艺也是决定打印制件强度的关键所在。

2.4 薄材叠层快速成型工艺

分层实体制造（laminated object manufacturing，LOM），也称为薄材叠层快速成型，该工艺使用薄材，通过激光扫描或切刀运动直接切割箔材，继而进行逐层堆积而成型制品。相比于其他 3D 打印工艺，LOM 工艺多采用纸材或金属箔，具有原材料成型制品低廉、建造过程简单快捷、工艺过程容易实现等优点，因此成为早期推出并迅速得到较快发展的 3D 打印工艺方法之一。

2.4.1 薄材叠层快速成型工艺原理

采用激光切割的 LOM 工艺基本原理如图 2.24 所示。计算机根据截面轮廓曲线发出控制激光切割指令，使切割头做 X 和 Y 方向的移动，供料机构将底面涂有热熔胶的薄材（比如涂覆纸、涂覆陶瓷箔等）送至工作台的上方。二氧化碳激光束根据截面轮廓对薄材进行切割，并将薄材无轮廓区域割成小碎片，然后热压机构将一层层纸压紧并黏合在一起。通过控制升降台支撑成型的工件，并在每层成型后，降低一个薄材厚度，以便送进、黏合和切割新的一层薄材，形成有许多小废料块包围的三维原型零件。将三维原型零件取出，将多余的废料小块剥落，最终获得三维产品。

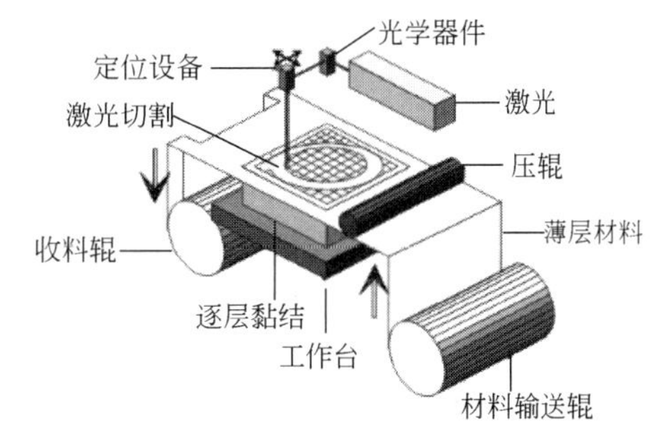

图 2.24 LOM 工艺原理

2.4.2 薄材叠层快速成型工艺流程

（1）CAD 建模及生成 STL 文件

CAD 模型的形成与一般的 CAD 造型过程没有区别，其作用是进行零件的三维几何造型。许多具有三维造型功能的软件，如 Pro/E、AutoCAD、UG、CATIA 等均可以完成这样的任务。利用这些软件对零件造型后，还能够将零件的实体造型转化成易于对其进行分层处理的三角面片造型格式，即 STL 格式。

（2）模型分层处理

模型 Z 向离散（分层）是一个切片的过程，它是根据有利于零件堆积制造而优选的特殊方位，将 STL 文件可视化 CAD 模型横截成一系列具有一定厚度的薄层，得到每一切层的内外轮廓等几何信息。层面信息处理就是根据分层处理后得到的层面几何信息，通过层面内外轮廓识别及料区的特性判断等，生成成型机工作的数控代码，以便成型机的激光头对每一层面进行精确加工。层面黏结与加工处理是将新的切割层与前一层进行黏结，并根据生成的数控代码，对当前面进行加工。它包括对当前面进行截面轮廓切割以及网格切割。逐层堆积是指当前层与前一层黏结且加工结束后，使零件下降一个层面，送料机构送上新的薄材，成型机再重新加工新的一层，如此反复，直到加工完成。

（3）后处理

原型件加工完成后，需用人工方法将原型件从工作台上取下，去掉边框后，仔细将废料剥离就得到了所需的原型；然后抛光、涂漆，以防零件吸湿变形，同时也得到了一个美观的外表。LOM 工艺多余材料的剥落是一项比较复杂而细致的工作。

LOM 原型经过余料去除后，为了提高原型的性能和便于表面打磨经常要对原型进行表面涂覆处理。表面涂覆的好处有：提高强度；提高耐热性；改进抗湿性；延长原型寿命；易于表面打磨等处理；经表面涂覆处理后，原型可更好地用于装配和功能检验。

纸材最显著的缺点就是对湿度极其敏感。LOM 原型吸湿后叠层方向尺寸增长，严重时叠层会相互之间脱离。为避免吸湿引起这些后果，在原型剥离后短期内应迅速进行密封处理。表面涂覆可以实现良好的密封，而且可以提高原型的强度和耐热、防湿性能。

表面涂覆使用的材料一般为双组分环氧树脂，如 TCC630 和 TCC115N 硬化剂等。原型经过表面涂覆处理后尺寸稳定，而且寿命也得到了提高。表面涂覆的具体工艺过程如下：

① 将剥离后的原型用砂布轻轻打磨；

② 按规定比例（质量比：100 份 TCC630 配 20 份 TCC115N）配备环氧树脂，并混合均匀；

③ 在原型上涂刷一薄层混合后的材料，因材料的黏度较低，材料会很容易浸入纸基的原型中，进入的深度可以达到 1.2～1.5mm；

④ 再次涂覆同样混合后的环氧树脂材料，以填充表面的沟痕并长时间固化；

⑤ 对表面已经涂覆了坚硬环氧树脂材料的原型再次用砂布进行打磨，打磨之前和打磨过程中应注意测量原型的尺寸，以确保原型尺寸在要求的公差范围之内；

⑥ 对原型表面进行抛光，得到无划痕的表面质量之后进行透明涂层的喷涂，以提升表面外观展示效果；

⑦ 经上述表面涂覆处理后，原型的强度和耐热、防湿性能得到了显著的提高，然后将处理完毕的原型浸入水中，进行尺寸稳定性检测。

2.4.3 薄材叠层快速成型工艺特点

（1）薄材叠层快速成型工艺的材料

用于 3D 打印工艺的薄材有纸材、塑料薄膜以及金属箔等。在目前实用化的 LOM 3D 打印中，美国 Helisys 公司推出的 3D 打印机采用的是纸材，而以色列 Solido 公司推出的 SD300 系列设备使用的是塑料薄膜。同时，金属箔作为叠层材料进行 3D 打印的工艺方法也在研究进行中。塑料薄膜材料成型建造过程中，层间黏结是由打印设备喷洒黏结剂实现的，成型材料制备及其要求涉及三个方面的问题，即薄层材料、黏结剂和涂布工艺。目前成型材料中的薄层材料多为纸材，而黏结剂一般为热熔胶。纸材料的选取、热熔胶的配置及涂布工艺均要从保证最终成型零件的质量出发，同时考虑制造成本。下面就纸材的性能、热熔胶的要求及涂布工艺进行简要的介绍。

对于黏结成型材料的纸材，有以下要求：

① 抗湿性。保证纸原料（卷轴纸）不会因时间长而吸水，从而保证热压过程中不会因为水分的损失而产生变形及黏结不牢。纸的施胶度可用来表示纸张抗水能力（耐水度）的大小。

② 良好的浸润性。保证良好的涂胶性能。

③ 抗拉强度好。保证在加工过程中不被拉断。

④ 收缩率小。保证在加工过程中不会因部分水分损失导致变形，可用纸的伸缩率参数计量。

⑤ 剥离性好。因剥离破坏是发生在纸张内部的，因此要求在纸张的垂直方向上，其抗拉强度不应过大。

⑥ 厚度均匀，易打磨，表面光滑。

⑦ 稳定性好。成型零件可长时间保存。

成型材料层与层之间的黏结性是通过热熔胶保证的，故对热熔胶的基本要求有以下几点：

① 具有良好的热熔冷固性能；

② 在反复熔融-固化的条件下，具有良好的物理、化学稳定性；

③ 熔融状态下与纸具有良好的黏附性和均匀性；

④ 具有良好的废料分离性能。

(2) 薄材叠层快速成型工艺的优缺点

与其他 3D 打印工艺相比，LOM 工艺具有制作效率高、速度快、成本低等优点，具体特点如下：

① 成型速度较快，由于只需要使用激光束沿物体的轮廓进行切割，无需扫描整个断面，常用于加工内部结构简单的大型零件；

② 原型精度高，翘曲变形小；

③ 原型能承受高达 100℃的温度，有较高的硬度和较好的力学性能；

④ 无需设计和制作支撑结构；

⑤ 可进行切削加工；

⑥ 废料易剥离，无须后固化处理；

⑦ 可制作尺寸较大的原型；

⑧ 原材料价格便宜，原型制作成本低。

但是 LOM 工艺也有不足之处：

① 原型层间的抗拉强度不够好；

② 纸质原型易吸湿膨胀，成型后需进行表面打磨，因此难以直接构建形状精细、多曲面的零件。

2.4.4 薄材叠层快速成型工艺应用及影响因素

2.4.4.1 工艺应用

LOM 技术自研制开发以来，在世界范围内得到了广泛的应用。它虽然在精细产品和塑料件成型等方面不及 SLA 具有优势，但在比较厚重的结构件模型、实物外观模型、砂型铸造、快速模具母模等方面，具有独特的优越性，并且 LOM 技术制成的制件具有良好的切削加工性能和层间黏结性能。

(1) 产品模型的制作

美国 Wolverine World Wide 公司鞋类产品的款式一直快速更新，能够为顾客快速提供高质量和定制化的产品，而使用 LOM 技术是其成功的关键因素之一。设计师们首先设计鞋底和鞋跟的模型或图形，这种高质量的图像显示能在开发过程中及早地排除不适用的装饰和设计。即使前期的设计已经排除了许多不理想的地方，但是投入加工之前，Wolverine World Wide公司仍然需要实物模型。鞋底和鞋跟的LOM模型非常精巧，为使模型看起来更真实，可在LOM表面喷涂可产生不同效果的特殊材料。每一种鞋底配上适当的鞋面后搭配成若干双样品，放到主要的零售店展示，以收集顾客的意见。根据顾客反馈的意见，计算机能快速地修改模型，然后根据需要可再产生相应的LOM模型和新式样。

（2）快速模具的制作

LOM原型用作功能构件或代替母模，能满足一般性能要求。若采用LOM原型作为消失模，进行精密熔模铸造，则要求LOM原型在高温灼烧时发气速度较慢，发气量及残留灰分较低。此外，采用LOM原型直接制作模具时，还要求其片层材料和黏结剂具有一定的导热和导电性能。在铸造行业中，传统制造母模的方法不仅周期长、精度低，而且对于有些形状复杂的铸件，例如叶片、发动机缸体、缸盖等母模制造困难。数控机床加工设备价格高昂，模具加工周期长。用LOM制作的原型件硬度高、表面平整光滑、防水耐潮，完全可以满足铸造要求。与传统的制模方法相比，此方法制模速度快、成本低，可进行复杂模具的整体制造。汽车工业中很多形状复杂的零部件均由精铸直接制得，采用传统的母模手工制作方法，对于曲面形状复杂的母模，效率较低、精度较差；采用数控加工制作，成本偏高。采用LOM工艺制造汽车零部件精铸母模，可在节约成本的基础上大幅提升生产效率和成型尺寸精度。

2.4.4.2 影响因素

LOM快速成型时，要将复杂的三维加工转化为一系列简单的二维加工的叠加，因此对成型机本身而言，成型精度主要取决于二维（X、Y）平面上的加工精度以及高度（Z）方向上的叠加精度。就这一点来看，采用成熟的数控技术，完全可以将X、Y、Z 3个方向上的运动位置精度控制在微米级水平，因而能得到精度较高的原型产品。然而，影响最终精度的因素不仅有成型机本身的精度，还有控制策略、材料特性、模型偏差等其他因素。目前LOM型快速成型件的最终尺寸精度可以稳定在毫米级以上水平。影响LOM型快速成型件最终尺寸精度的主要因素如图2.25所示。

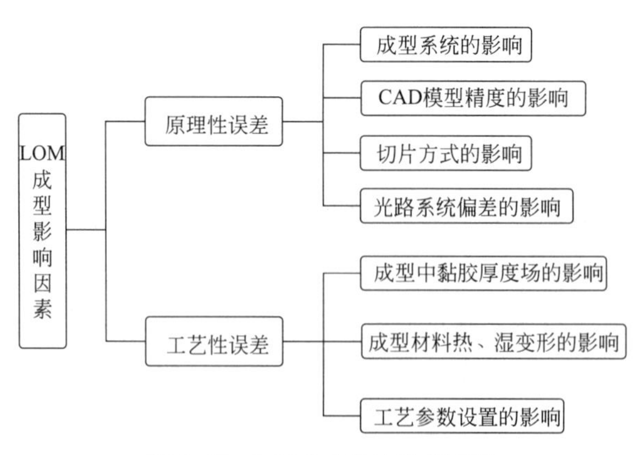

图2.25 LOM成型的影响因素

第3章 增材制造材料

【学习目标】 ① 掌握多种增材制造材料的基本属性、理论推导及性能评价方法；

② 学会对3D打印材料在不同层次进行分类；

③ 了解常用金属及非金属材料；

④ 了解材料发展趋势。

3.1 增材制造材料概述

工艺、材料和装备是实现增材制造成型过程的核心要素，其中材料的地位举足轻重。现阶段增材制造行业在设备及软件方面得到了快速的发展，但材料方面的研究相对滞后，现已成为限制增材制造发展的瓶颈之一。未来增材制造将广泛应用于高端工业领域，目前的3D打印材料尚无法完全满足增材制造技术发展的迫切需要。

近年来，随着增材制造技术不断发展，引发全球产业界的高度重视，许多国家加大了增材制造材料研发的支持力度。我国于2012年12月提出了材料科学系统工程发展战略研究——中国版材料基因组计划。此会议由屠海令院士主持，项目组总顾问徐匡迪院士和清华大学原校长顾秉林院士以及近40位院士专家分别作为项目组顾问和课题组负责人出席了会议。会议提出要改变原有的试错式材料科学研究模式，加快整个材料领域研究进程，通过材料科学和人工智能的协同发展攻克材料学中的基本科学问题与关键技术难题。

目前，增材制造材料主要包括高分子材料、光敏树脂、金属材料、复合材料、无机非金属材料、橡胶材料等，而高分子材料应用尤其广泛，常见的有尼龙类材料、工程塑料类材料、聚碳酸酯类材料等。其中典型增材制造工艺的材料需求如表3.1所示。

表3.1 不同工艺及其可应用的基本材料

类型	累积技术	基本材料
挤压	熔融沉积成型(FDM)	热塑性材料、共晶系统金属、可食用材料
线型	电子束自由成型(EBF)	几乎任何合金
粒状	直接金属激光烧结成型(DMLS)	几乎任何合金
	选择性激光熔化成型(SLM)	钛合金、钴铬合金、不锈钢、铝
	电子束选区熔化成型(EBSM)	钛合金
	粉末激光烧结成型(SLS)	热塑性塑料、金属粉末、陶瓷粉末
	选择性热烧结成型(SHS)	热塑性粉末

续表

类型	累积技术	基本材料
粉末层喷头	石膏增材制造(PP)	石膏
层压	薄材叠层快速成型(LOM)	纸、金属膜、塑料薄膜
光聚合	光固化成型(SLA)	光硬化树脂
	数字光处理(DLP)	光硬化树脂

增材制造是一类跨学科的交叉技术，其中材料是该项技术的核心因素之一。从1982年立体光刻技术（SLA）的出现到当今的三维印刷（3DP）成型技术，很大一部分是由于某种新材料的出现而引起技术和工艺的革新，增材制造技术的兴起和发展，离不开增材制造材料的发展。增材制造有多种典型工艺种类，如SLS、SLA、FDM、3DP等。增材制造成型工艺的特殊性决定了不同成型工艺对其材料均有特殊要求，如SLA要求光敏树脂材料对某一波段的光比较敏感；SLS要求材料为颗粒度较小的粉末；LOM要求材料为易切割的薄材；FDM要求材料为可熔融的线状或颗粒状材料；3DP则要求材料为颗粒度较小的粉末，同时还要有黏度较好的黏结剂等。

目前，国内外都加大了对增材制造材料研究的投入，其在材料方面的研究工作主要体现在以下几个方面：

① 开发满足不同用途要求的多品种增材制造材料，如直接成型金属件的增材制造材料和医用的、具有生物活性的增材制造材料等；

② 建立材料的性能数据库，开发性能更加优越、无污染的增材制造材料；

③ 利用计算机对材料的成型过程和成型性能进行模拟、分析。

增材制造工艺对其成型材料的要求一般有以下几点：

① 有利于快速、精确地加工原型零件；

② 快速成型制件；

③ 尽量满足产品对强度、刚度、耐潮湿性、热稳定性能等方面的要求；

④ 应该有利于后续处理工艺。

通常增材制造产品有四个应用目标：概念型、测试型、模具型、功能型。其对成型材料的要求各有侧重，具体包括：

① 概念型对材料的成型精度和物理化学特性要求不高，主要要求成型速度快。如对光敏树脂，要求其具有较低的临界曝光功率、较大的穿透深度和较低的黏度。

② 测试型对于成型后的强度、刚度、耐温性、抗蚀性能等有一定的要求，以满足测试要求。如果用于装配测试，则对成型件有一定的精度要求。

③ 模具型要求材料适应具体模具制造要求，如强度、硬度等。如对于消失模铸造用原型，要求材料易于去除，烧蚀后残留少、灰分少。

④ 功能零件则要求材料具有较好的力学和物理化学性能。

3.2 增材制造材料的分类

对于增材制造产业来说，每种材料就近似是一种生产解决方案。增材制造材料可以按工艺实现方法、材料形态、化学性能的特点进行分类。利用这些材料，通过相应的增材制造设备，可以制作外观、质感和操作性与成品别无二致的原型，且无需上色或组装，能将“异想天开”的创意变为现实。

(1) 按成型和工艺实现方法分类

第一类：粉末、丝状材料高能束烧结或熔化成型（SLS、SLM 和 EBMD 等）；

第二类：丝材挤出热熔成型（FDM）；

第三类：液态树脂光固化成型（SLA）；

第四类：液体喷印成型（3DP）；

第五类：分层片材实体制造（LOM）。

(2) 按材料形态分类

液态材料：光敏树脂（聚氨酯丙烯酸酯、环氧丙烯酸酯、不饱和聚酯树脂、光敏稀释剂等）；

固态粉末：非金属粉（蜡粉、塑料粉、覆膜陶瓷粉等）、金属粉（不锈钢粉、钛金属粉等）；

固态片材：纸、塑料、金属箔＋黏结剂；

固态丝材：蜡丝、ABS 丝、PLA 丝等。

(3) 按照材料的化学性能分类

可分为高分子材料、金属材料、光敏树脂材料、无机非金属材料、生物材料等。

3.3 增材制造材料的基本属性

增材制造材料的基本属性，在物理属性方面包括密度、黏度、拉伸模量（拉伸刚度）、弯曲模量（弯曲刚度）、抗压强度、抗拉强度、硬度、导热性能、导电性能、光学性能等；在化学属性方面包括耐酸性、耐碱性、耐腐蚀性等；除此之外，增材制造材料还包含如材料的平整度、材料间的色差和尺寸规格许用误差等属性。

3.3.1 强度与刚度

(1) 强度

增材制造材料与其他金属、非金属材料一样，强度属性是衡量其性能和使用范围的重要指标。

强度是表示工程材料抵抗断裂和过度变形的力学性能之一。对于增材制造材料，当低于弹性极限时，应力-应变关系满足广义胡克定律。弹性条件下，应力与应变有唯一确定的对应关系；三维应力状态下，某一点的应力取决于该点的应变状态，应力是应变的函数（或应变是应力的函数），6 个应力分量可表述为 6 个应变分量的函数。

$$\left.\begin{aligned}\sigma_x&=f_1(\varepsilon_x,\varepsilon_y,\varepsilon_z,\gamma_{xy},\gamma_{yz},\gamma_{zx})\\\sigma_y&=f_2(\varepsilon_x,\varepsilon_y,\varepsilon_z,\gamma_{xy},\gamma_{yz},\gamma_{zx})\\\sigma_z&=f_3(\varepsilon_x,\varepsilon_y,\varepsilon_z,\gamma_{xy},\gamma_{yz},\gamma_{zx})\\\tau_{xy}&=f_4(\varepsilon_x,\varepsilon_y,\varepsilon_z,\gamma_{xy},\gamma_{yz},\gamma_{zx})\\\tau_{yz}&=f_5(\varepsilon_x,\varepsilon_y,\varepsilon_z,\gamma_{xy},\gamma_{yz},\gamma_{zx})\\\tau_{zx}&=f_6(\varepsilon_x,\varepsilon_y,\varepsilon_z,\gamma_{xy},\gamma_{yz},\gamma_{zx})\end{aligned}\right\}\tag{3.1}$$

式中，σ_x、σ_y、σ_z 分别代表 x、y、z 三个方向的应力；τ_{xy}、τ_{yz}、τ_{zx} 分别代表 xy、yz、zx 方向上的切应力；ε_x、ε_y、ε_z 分别代表 x、y、z 三个方向的应变，γ_{xy}、γ_{yz}、γ_{zx} 分别代表 xy、yz、zx 方向上的切应变。当自变量（应变）很小时，式中的各表达式可用泰勒级数展开。略去

二阶及以上的高阶微量，则式(3.1)的第一式展开为

$$\sigma_x=(f_1)_0+\left(\frac{\partial f_1}{\partial \varepsilon_x}\right)_0\varepsilon_x+\left(\frac{\partial f_1}{\partial \varepsilon_y}\right)_0\varepsilon_y+\left(\frac{\partial f_1}{\partial \varepsilon_z}\right)_0\varepsilon_z+\left(\frac{\partial f_1}{\partial \gamma_{xy}}\right)_0\gamma_{xy}+\left(\frac{\partial f_1}{\partial \gamma_{yz}}\right)_0\gamma_{yz}+\left(\frac{\partial f_1}{\partial \gamma_{zx}}\right)_0\gamma_{zx} \tag{3.2}$$

式中，$(f_1)_0$ 表示应变分量为 0 时的值，由基本假设初始应力为零得 $(f_1)_0=0$；$\left(\frac{\partial f_1}{\partial \gamma_{ij}}\right)_0$ 表示函数 f_1 对应变分量的一阶导数在应变分量为 0 时的值，等于一个常数。

x、y、z 三个方向的应力和应变可以用一个线性方程组表示（视为线弹性体）

$$\left.\begin{aligned}
\sigma_x&=a_{11}\varepsilon_x+a_{12}\varepsilon_y+a_{13}\varepsilon_z+a_{14}\gamma_{xy}+a_{15}\gamma_{yz}+a_{16}\gamma_{zx}\\
\sigma_y&=a_{21}\varepsilon_x+a_{22}\varepsilon_y+a_{23}\varepsilon_z+a_{24}\gamma_{xy}+a_{25}\gamma_{yz}+a_{26}\gamma_{zx}\\
\sigma_z&=a_{31}\varepsilon_x+a_{32}\varepsilon_y+a_{33}\varepsilon_z+a_{34}\gamma_{xy}+a_{35}\gamma_{yz}+a_{36}\gamma_{zx}\\
\tau_{xy}&=a_{41}\varepsilon_x+a_{42}\varepsilon_y+a_{43}\varepsilon_z+a_{44}\gamma_{xy}+a_{45}\gamma_{yz}+a_{46}\gamma_{zx}\\
\tau_{yz}&=a_{51}\varepsilon_x+a_{52}\varepsilon_y+a_{53}\varepsilon_z+a_{54}\gamma_{xy}+a_{55}\gamma_{yz}+a_{56}\gamma_{zx}\\
\tau_{zx}&=a_{61}\varepsilon_x+a_{62}\varepsilon_y+a_{63}\varepsilon_z+a_{64}\gamma_{xy}+a_{65}\gamma_{yz}+a_{66}\gamma_{zx}
\end{aligned}\right\} \tag{3.3}$$

式(3.3)是纯数学推导结果，实际上与胡克定律线性关系一致，是在弹性小变形条件下弹性体内任一点的应力与应变的一般关系式。式(3.3)中的系数 a_{ij} $(i,j=1、2、3、4、5、6)$ 称为弹性系数，共有 36 个。

式(3.3)可用矩阵表示为

$$\begin{Bmatrix}\sigma_x\\ \sigma_y\\ \sigma_z\\ \tau_{xy}\\ \tau_{yz}\\ \tau_{zx}\end{Bmatrix}=\begin{bmatrix}a_{11}&a_{12}&a_{13}&a_{14}&a_{15}&a_{16}\\ a_{21}&a_{22}&a_{23}&a_{24}&a_{25}&a_{26}\\ a_{31}&a_{32}&a_{33}&a_{34}&a_{35}&a_{36}\\ a_{41}&a_{42}&a_{43}&a_{44}&a_{45}&a_{46}\\ a_{51}&a_{52}&a_{53}&a_{54}&a_{55}&a_{56}\\ a_{61}&a_{62}&a_{63}&a_{64}&a_{65}&a_{56}\end{bmatrix}\begin{Bmatrix}\varepsilon_x\\ \varepsilon_y\\ \varepsilon_z\\ \gamma_{xy}\\ \gamma_{yz}\\ \gamma_{zx}\end{Bmatrix} \tag{3.4}$$

式(3.4)可用简写为 $\{\sigma\}=[\boldsymbol{D}]\{\varepsilon\}$，$[\boldsymbol{D}]$ 称为弹性矩阵。

（2）刚度

刚度是指材料或结构在受力时抵抗弹性变形的能力，定义为施力与所产生变形量的比值，记为

$$k=\frac{P}{\delta} \tag{3.5}$$

式中，k 表示刚度；P 表示施力；δ 表示变形量（变形后的长度减去原长或原长减去变形后的长度）。在国际单位制中，刚度的单位为 N/m。

刚度是使物体产生单位变形所需的外力值。刚度与物体的材料性质、几何形状、边界支持情况以及外力作用形式有关。材料的弹性模量和剪切模量越大，则刚度越大。细杆和薄板在受侧向外力作用时刚度很小，但如果细杆和薄板组合得当，边界支持合理，使杆只承受轴向力，板只承受平面内的力，则它们也能具有较大的刚度。

在自然界，动物和植物都需要有足够的刚度来维持其外形。在工程上，有些机械、桥梁、建筑物、飞行器和舰船就因为结构刚度不够而出现失稳，或在流场中发生颤振等灾难性事故。因此在设计中，必须按规范要求确保结构有足够的刚度。但对刚度的要求不是绝对的，例如，弹簧秤中弹簧的刚度就取决于被称物体的重量范围，而缆绳则要求在保证足够强度的基础上适当减小刚度。

研究刚度的重要意义还在于，通过分析物体各部分的刚度，可以确定物体内部的应力和应变分布，为后续材料塑性变形、疲劳损伤、冲击断裂等特性的研究提供基础，这也是固体力学的基本研究方法之一。

3.3.2 各向异性

如果材料在任意方向上的性质均相同，在整个介质内部均不具有方向性，这样的性质称为各向同性。若在不同的方向上呈现出差异的性质，这样的性质称为各向异性。如果材料的机械属性在三个相互垂直的基准轴方向上都是单值的且独立的，则该材料为正交各向异性；如果同一平面的各个方向都有相同性质，则该材料为横观各向同性。增材制造的材料与传统加工方法制成的材料相比，具有微观非均匀性及各向异性。常见的各向异性材料如图 3.1 所示。

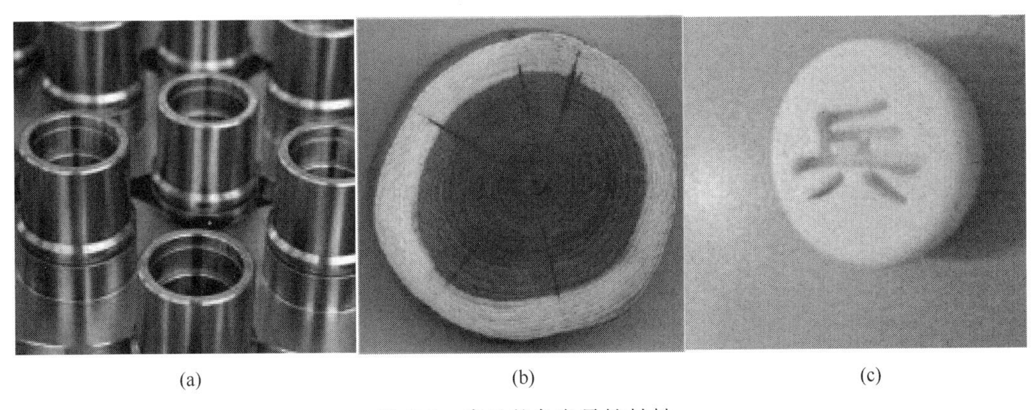

(a) (b) (c)

图 3.1 常见的各向异性材料

（1）极端各向异性体

物体内的任一点，沿着各个方向的性能都不相同，则称为极端各向异性（这种物体材料极其少见）。

即使在极端各向异性条件下，式(3.4) 的 36 个弹性常数也不是完全独立的。由能量守恒定律和应变能理论可证明，弹性常数之间存在如下关系

$$a_{mn}=a_{nm} \tag{3.6}$$

36 个弹性常数减小到 21 个，弹性矩阵是对称矩阵。其弹性矩阵为

$$[\boldsymbol{D}]=\begin{bmatrix} a_{11} & a_{12} & a_{13} & a_{14} & a_{15} & a_{16} \\ & a_{22} & a_{23} & a_{24} & a_{25} & a_{26} \\ & & a_{33} & a_{34} & a_{35} & a_{36} \\ & & & a_{44} & a_{45} & a_{46} \\ & & & & a_{55} & a_{56} \\ & & & & & a_{66} \end{bmatrix} \tag{3.7}$$

（2）正交各向异性体

如果在某均匀体内，任意一点都存在一个对称面，在任意两个与此面对称的方向上，材料的弹性性质都相同，则称其为具有一个弹性对称面的各向异性体。该对称面称为弹性对称面，垂直于弹性对称面的方向称为物体的弹性主方向。

具有一个弹性对称面的各向异性体，弹性常数有 13 个。单斜晶体（如正长石）具有这类弹性对称特征。

如果在物体内的任意一点有三个互相正交的弹性对称面，这种物体称为正交各向异性体。如煤块、均匀的木材、叠层胶木、部分复合材料等。

正交各向异性体有 9 个弹性常数，其弹性矩阵为

$$[\boldsymbol{D}]=\begin{bmatrix} a_{11} & a_{12} & a_{13} & 0 & 0 & 0 \\ & a_{22} & a_{23} & 0 & 0 & 0 \\ & & a_{33} & 0 & 0 & 0 \\ & & & a_{44} & 0 & 0 \\ & & & & a_{55} & 0 \\ & & & & & a_{66} \end{bmatrix} \tag{3.8}$$

（3）横观各向同性体

如果物体内任意一点，在平行于某一平面的所有方向都有相同的弹性性质，则这类物体称为横观各向同性体。如不同层次的土壤、部分复合板材等。

横观各向同性体只有 5 个弹性常数，其弹性矩阵为

$$[\boldsymbol{D}]=\begin{bmatrix} a_{11} & a_{12} & a_{13} & 0 & 0 & 0 \\ & a_{11} & a_{13} & 0 & 0 & 0 \\ & & a_{33} & 0 & 0 & 0 \\ & \text{对} & & \dfrac{a_{11}-a_{12}}{2} & 0 & 0 \\ & & \text{称} & & a_{35} & 0 \\ & & & & & a_{55} \end{bmatrix} \tag{3.9}$$

思考 SLS 和 SLM 打印的产品哪种各向异性更强？

3.4 材料的性能与评价

增材制造解决了材料成型的问题，过去复杂的形状结构可以用新的方法来成型。但是材料成型以后，还要解决工程应用所必需的材料性能问题，除了成型性以外的其他材料性能上的要求，比如防腐、强度硬度等。

材料的机械性能（力学性能）是指材料在载荷（外力或能量）以及环境因素作用下表现出的变形和破断的特性。材料受外力作用时，将会产生变形和破坏。外力去除后能够恢复的变形称为弹性变形，外力去除后不能恢复的变形称为塑性变形（图 3.2）。

聚合物材料的力学性能是高分子聚合物在作为高分子材料使用时所要考虑的最主要性

能，它涉及高分子新材料的结构设计、产品设计以及使用条件。了解聚合物的力学性能数据，是掌握高分子材料的必要前提。聚合物的力学性能主要包括模量（E）、强度（σ）、极限形变（ε）及疲劳性能（包括疲劳极限和疲劳寿命）。由于高分子材料在应用中的受力方式不同，聚合物的力学性能表征又按不同受力方式分为拉伸（张力）、压缩、弯曲、剪切、冲击、硬度、摩擦损耗等，不同表征方法对应的各种模量、强度、形变等可以代表聚合物各种不同的力学特征。由于高分子材料的类型不同，实际应用及受力情况有很大的差异，因此对不同类型的高分子材料，有各自的特殊表征方法，例如纤维、橡胶以及树脂的力学性能表征方法各不相同。

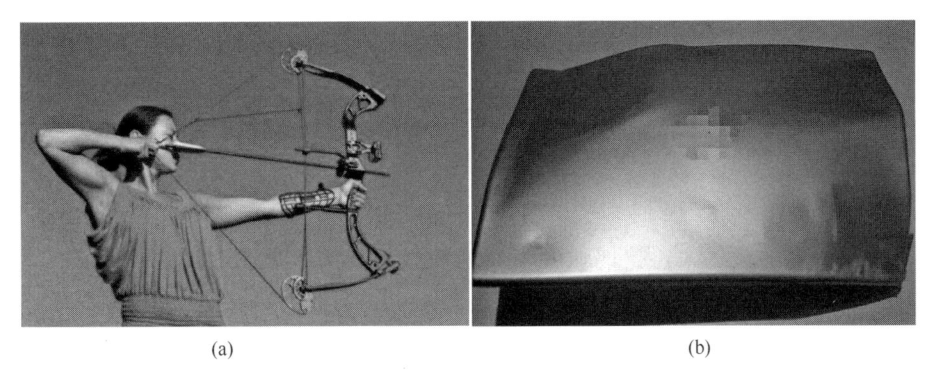

(a) (b)

图 3.2 弹性变形和塑性变形

3.4.1 拉伸性能

拉伸性能是聚合物力学性能中最重要、最基本的性能之一。拉伸性能的好坏，可以通过拉伸实验来检验。拉伸实验是在规定的实验温度、湿度和拉伸速度条件下，对标准试样沿纵轴方向施加静态拉伸负荷，直到试样被拉断为止。通过拉伸实验可以得到试样在拉伸变形过程中的拉伸应力-应变曲线，从应力-应变曲线可得到材料的各项拉伸性能指标（拉伸强度、拉伸断裂应力、拉伸屈服应力、偏置屈服应力、拉伸弹性模量、断裂伸长率等）。根据拉伸实验提供的数据，可对高分子材料的拉伸性能做出评价，为产品质量控制研究、开发与工程设计及其他目的提供参考。

描述应力-应变关系的曲线叫应力-应变曲线，应力-应变曲线一般分为两个部分：弹性变形区和塑性变形区。在弹性变形区域，材料发生可完全恢复的弹性变形，应力与应变成线性关系，符合胡克定律。在塑性变形区，形变是不可逆的塑性变形，应力和应变增加不再成正比关系，最后出现断裂。不同的高聚物材料、不同的测定条件，分别呈现不同的应力-应变行为。根据应力-应变曲线的形状，目前大致可归纳成五种类型，如图 3.3 所示。

上述五种应力-应变曲线分别对应的高聚物材料的性质如下：

① 软而弱。拉伸强度低，弹性模量小，且伸长率也不大，如溶胀的凝胶等。

② 硬而脆。拉伸强度较高，断裂伸长率小，如聚苯乙烯等。

③ 硬而强。拉伸强度和弹性模量均较大，且有适当的伸长率，如硬聚氯乙烯等。

④ 软而韧。断裂伸长率大，拉伸强度也较高，但弹性模量低，如天然橡胶、顺丁橡胶等。

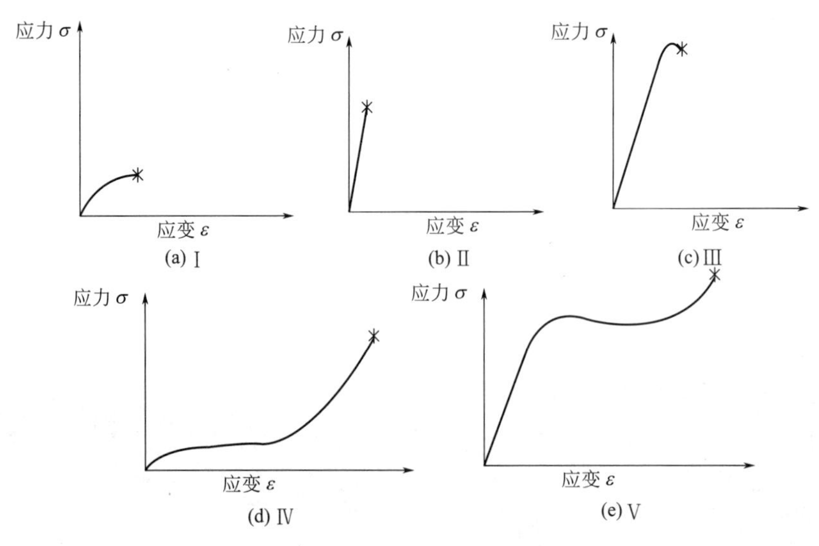

图 3.3　应力-应变曲线

⑤ 硬而韧。弹性模量大，拉伸强度和断裂伸长率也大，如聚对苯二甲酸乙二醇酯、尼龙等。

拉伸强度或拉伸断裂应力或拉伸屈服应力（MPa）的计算公式为

$$\sigma_t = \frac{p}{bd} \tag{3.10}$$

式中　p——最大负荷或断裂负荷或屈服负荷，N；

b——试样工作部分宽度，mm；

d——试样工作部分厚度，mm。

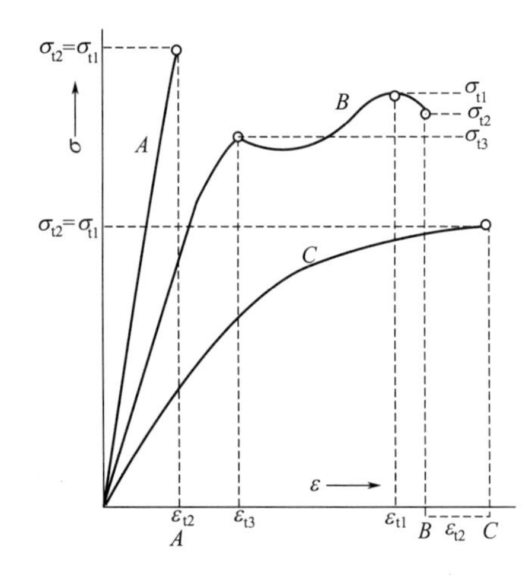

图 3.4　拉伸应力-应变曲线

σ_{t1}—拉伸强度；ε_{t1}—拉伸时的应变；σ_{t2}—断裂应力；ε_{t2}—断裂时的应变；σ_{t3}—屈服应力；ε_{t3}—屈服时的应变；A—脆性材料；B—具有屈服点的韧性材料；C—无屈服点的韧性材料

材料在外力作用下一般经历弹性变形—塑性变形—断裂。将材料在外力的作用下发生的形状和尺寸变化称为变形。

各应力值在拉伸应力-应变曲线上的位置如图 3.4 所示。

断裂伸长率 A 的计算公式为

$$A = \frac{L - L_0}{L_0} \times 100\% \tag{3.11}$$

式中，L_0 为试样原始标距，mm；L 为试样断裂时标线间的距离，mm。计算结果以算术平均值表示，σ_t 取三位有效数值，A 取两位有效数值。

弹性模量的大小主要取决于材料的固有特性，除随温度升高而逐渐降低外，其他强化材料的手段如热处理、冷热加工、合金化等通常对弹性模量的影响较小。因此，可以通过增加横截面积或改变截面形状来提高零件的刚度。

当应力超过某一数值 σ_e 后，应力与应变之间的直线关系被破坏，应变显著增加，而应力先下降，然后微小波动，在曲线上出现接近水平线的小锯齿线段。如果此时卸载，试样的变形只能部分恢复，而保留一部分残余变形，即塑性变形。这说明材料的变形进入了弹塑性变形阶段。σ_s称为材料的屈服强度或屈服点，是塑性材料的一个重要指标。对于无明显屈服的金属材料，规定以产生0.2%残余变形的应力值为其屈服极限。

应力超过σ_s后，试样发生明显而均匀的塑性变形，若使试样的应变增大，则必须增加应力值。这种随着塑性变形的增大，塑性变形抗力不断增加的现象称为加工硬化或形变强化。当应力达到σ_b时试样的均匀变形阶段即告终止，此最大应力为材料的强度极限或抗拉强度。它表示材料对最大均匀塑性变形的抗力，材料在拉伸破坏之前能承受的最大应力。抗拉强度σ_b代表材料断裂前所承受的最大应力值，是零件设计的重要依据，也是评定金属材料质量的重要指标。铸铁、陶瓷、复合材料等脆性材料中，$\sigma_b=\sigma_s$。在抗拉强度之后，试样开始发生不均匀塑性变形并形成缩颈，应力下降，最后应力达到σ_f时试样断裂。

3.4.2 塑性

对物体施加外力，当外力较小时物体发生弹性变形；当外力超过某一数值时，物体产生不可恢复的形变，称为塑性变形。与之相对的，对一物体施加外力，物体产生形变，移除外力，发现形变消失，物体恢复原样，这就是弹性；弹性越大的物体，越能够承受大的外力而不发生永久形变。而通常塑性越大的物体，能发生永久形变所需的最小力越小。

对于大多数的工程材料，当其应力低于比例极限（弹性极限）时，应力-应变关系是线性的，表现为弹性行为，也就是说，当移走载荷时，其应变也完全消失。而应力超过弹性极限后，发生的变形包括弹性变形和塑性变形两部分，塑性变形不可逆。评价金属材料的塑性指标包括伸长率（延伸率）A和断面收缩率Z，如图3.5所示。

伸长率是指试样在拉伸断裂后，原始标距的伸长与原始标距之比的百分率。伸长率是表示材料均匀变形或稳定变形的重要参数。伸长率按式（3-11）计算。

断面收缩率是指材料在拉伸断裂后，断面最大缩小面积与原断面面积的百分比，是材料的塑性指标之一，用Z表示，单位为%。

$$Z=\frac{F_0-F_1}{F_0}\times 100\% \tag{3.12}$$

拉伸时会发生颈缩现象，如图3.6所示。

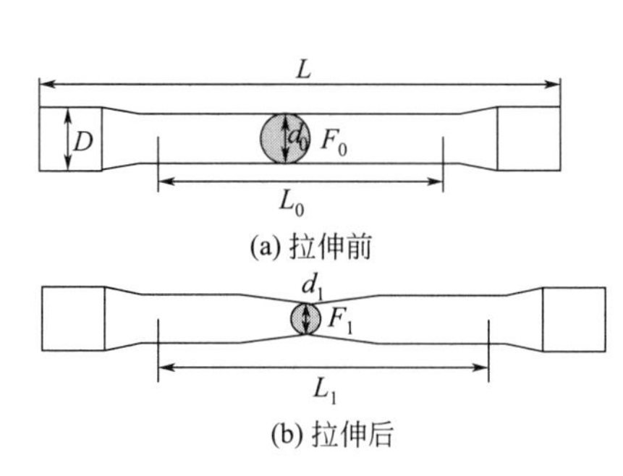

图3.5 拉伸前后试样的塑性变形

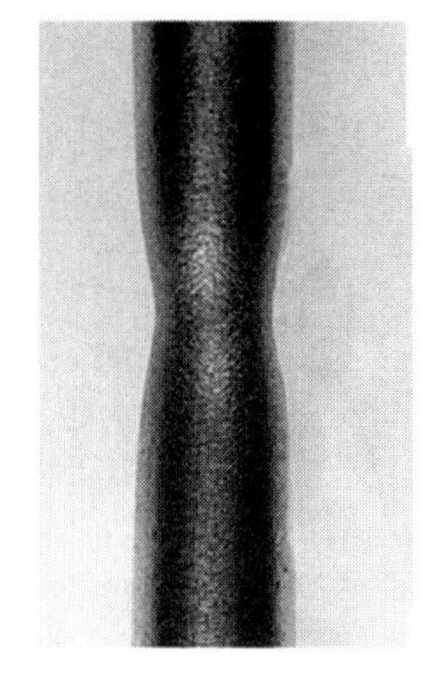

图3.6 拉伸试样颈缩现象

第3章 增材制造材料

3.4.3 冲击韧性

冲击韧性是指材料在冲击载荷作用下吸收塑性变形功和断裂功的能力，反映材料内部的细微缺陷和抗冲击性能。冲击韧性指标的实际意义在于揭示材料的变脆倾向，反映金属材料对外来冲击负荷的抵抗能力，一般由冲击韧性值（a_k）和冲击功（A_k）表示，其单位分别为 J/cm^2 和 J（焦耳）。影响材料冲击韧性的因素主要有材料的化学成分、热处理状态、冶炼方法、内在缺陷、加工工艺及环境温度等。

材料的冲击韧性可通过冲击试验测得，如图 3.7 所示。

(a) 冲击试验机

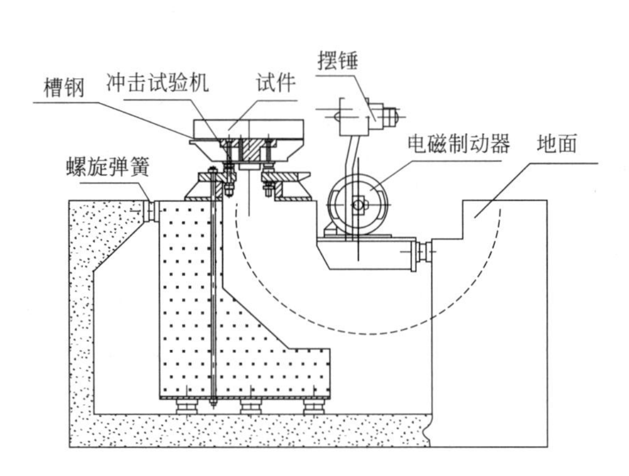

(b) 冲击试样示意图

图 3.7 冲击试验

冲击试验分成三种：规定脉冲试验方法；冲击谱试验方法；规定试验机试验方法。前两种属于无损检测，后一种属于破坏性检测。常用的是第三种试验方法，而它采用的就是冲击试验机。摆锤式冲击试验机是冲击试验机的一种，是用于测定金属材料在动负荷下抵抗冲击的性能，从而判断材料在动负荷作用下质量状况的全自动检测仪。半自动摆锤冲击机，只需按动按钮即可完成“取摆”“送料”“退销”“冲击”等一系列动作，并得出试验数据，完成整个冲击试验。冲击韧性值的计算公式为

$$a_k = \frac{A_k}{F} \tag{3.13}$$

式中，A_k 为冲击破坏所消耗的变形功及断裂功，J；F 为试样断口截面积，cm^2。

其主要影响因素为材料、温度、试样大小、缺口形状等，主要应用在汽车紧急制动、蒸汽锤、冲床等动载荷。不同物质因其冲击韧性不同分为脆性材料和韧性材料。其中脆性材料的特征是断裂前无明显变形，断口呈结晶状，有金属光泽；而韧性材料在断裂前明显塑变，断口呈灰色纤维状，无光泽。

材料的冲击韧性随温度下降而下降，如图 3.8 所示。在某一温度范围内冲击韧性值急剧下降的现象称为韧脆转变，发生韧脆转变的温度范围称为韧脆转变温度，材料的使用温度应高于韧脆转变温度。体心立方金属具有韧脆转变温度，而大多数面心立方金属不存在转变温度。

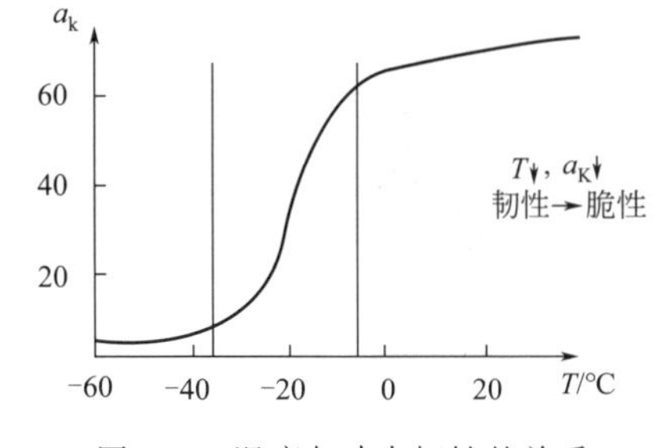

图 3.8 温度与冲击韧性的关系

3.4.4 疲劳

疲劳是指材料在低于 σ_s 的重复交变应力作用下发生断裂的现象，材料在规定次数的应力循环后仍不发生断裂时的最大应力称为疲劳极限，用 σ_{-1} 表示。钢铁材料的规定次数为 10^7，有色金属合金为 10^8。疲劳应力与疲劳曲线示意图见图 3.9。

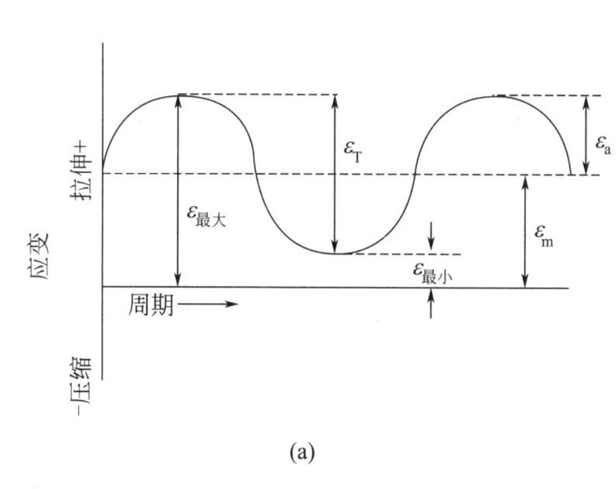

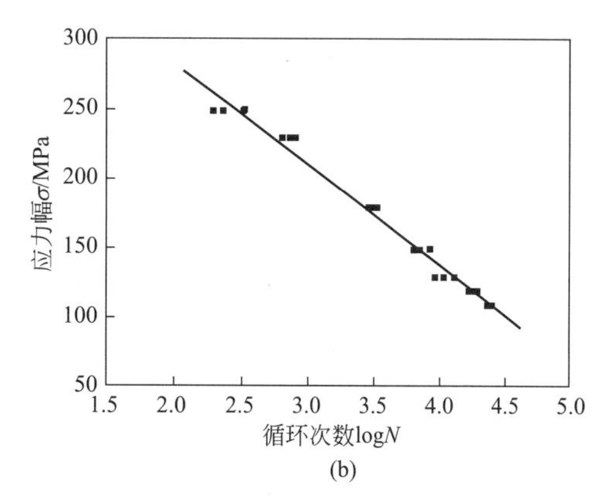

图 3.9 疲劳应力示意图与疲劳曲线示意图

疲劳破坏是一种损伤积累的过程，因此它的力学特征不同于静力破坏。其不同之处主要表现为：

① 在循环应力远小于静强度极限的情况下破坏就有可能发生，但不是立刻发生，而要经历一段时间，甚至很长的时间；

② 疲劳破坏前，即使塑性材料（延性材料）有时也没有显著的残余变形。

金属疲劳破坏可分为 3 个阶段：

① 微观裂纹阶段。在循环加载下，由于物体的最高应力通常产生于表面或近表面区，该区存在的驻留滑移带、晶界和夹杂，发展成为严重的应力集中点并首先形成微观裂纹。此后，裂纹沿着与主应力约成 45°角的最大剪应力方向扩展，裂纹长度大致在 0.05mm 以内，发展成为宏观裂纹。

② 宏观裂纹扩展阶段。裂纹基本上沿着与主应力垂直的方向扩展。

③ 瞬时断裂阶段。当裂纹扩大到使物体残存截面不足以抵抗外载荷时，物体就会在某一次加载下突然断裂。对应于疲劳破坏的 3 个阶段，在疲劳宏观断口上出现疲劳源、疲劳裂纹扩展和瞬时断裂 3 个区。

疲劳源区通常面积很小，色泽光亮，是两个断裂面对磨造成的；疲劳裂纹扩展区通常比较平整，具有表征间隙加载的应力改变较大或裂纹扩展受阻等情况，裂纹扩展前沿位置呈现海滩状分布；瞬断区则具有静载断口的形貌，表面呈现较粗糙的颗粒状。扫描和透射电子显微镜技术揭示了疲劳断口的微观特征，可观察到扩展区中每一应力循环所遗留的疲劳辉纹。图 3.10 为轴的疲劳断口。

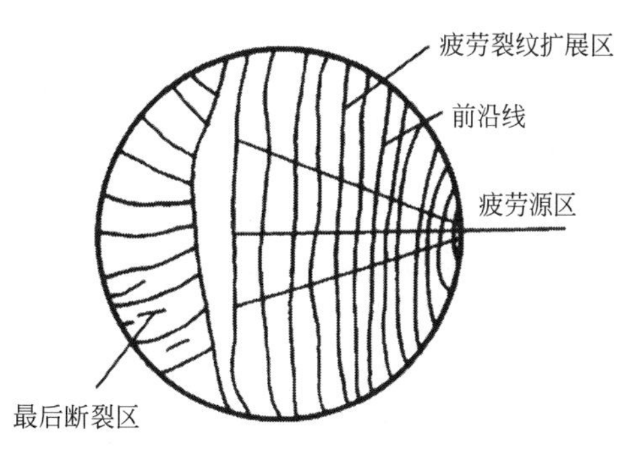

图 3.10 疲劳断口示意图

金属材料的疲劳强度与抗拉强度之间的关系为

$$\sigma_{-1}=(0.45\sim0.55)\sigma_b \tag{3.14}$$

疲劳性能是材料抵抗疲劳破坏的能力，无论是金属材料还是非金属材料，80%的断裂由疲劳造成。疲劳产生的原因一般是划痕、内应力集中等引起的微裂纹。微裂纹沿一个方向扩展，增长前沿的材料本体继续发生塑性变形，如果超过了一定限度，就会产生疲劳断裂。影响疲劳强度的因素有循环应力特征、温度、材料成分和组织、夹杂物、表面状态、残余应力等。陶瓷、高分子材料的疲劳抗力很低；金属材料、纤维增强复合材料的疲劳强度较高。通过改善材料的形状结构、减少表面缺陷、提高表面光洁度、进行表面强化等方法可提高材料的疲劳抗力。

高循环疲劳的裂纹形成阶段的疲劳性能常以 *S-N* 曲线表征，*S* 为应力水平，*N* 为疲劳寿命。*S-N* 曲线需通过试验测定，若采用小型标准试件，则试件裂纹扩展寿命较短，常以断裂时循环次数作为裂纹形成寿命或裂纹起始寿命。试验在给定应力比 *R* 或平均应力 σ_m 的前提下进行，根据不同应力水平的试验结果，以最大应力 σ_{max} 或应力幅 σ_a 为纵坐标，疲劳寿命 *N* 为横坐标绘制 *S-N* 曲线，如图 3.11 所示。表示寿命的横坐标采用对数标尺；表示应力的纵坐标采用算术标尺或对数标尺。在 *S-N* 曲线上，对应某一寿命值的 σ_{max} 或应力幅 σ_a 称为疲劳强度。疲劳强度一词也泛指与疲劳有关的强度问题。为了模拟实际构件缺口处的应力集中以及研究材料对应力集中的敏感性，常需测定不同应力集中系数下的 *S-N* 曲线。

对试验结果进行统计分析后，根据某一存活率 *p* 的安全寿命所绘制的应力和安全寿命之间的关系曲线称为 *p-S-N* 曲线。50%存活率的应力和疲劳寿命之间的关系曲线称为中值 *S-N* 曲线，也简称 *S-N* 曲线，如图 3.11 所示。

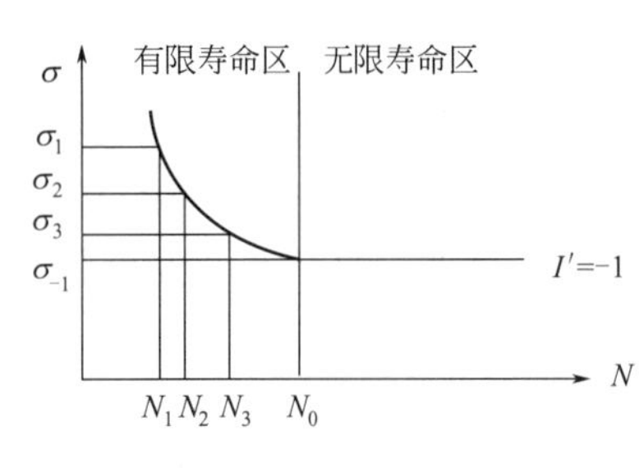

图 3.11 *S-N* 曲线

当循环应力中的最大应力 σ_{max} 小于某一极限值时，试件可经受无限次应力循环而不产生疲劳裂纹；当 σ_{max} 大于该极限值时，试件经有限次应力循环就会产生疲劳裂纹，该极限应力值就称为疲劳极限，或持久极限。如图 3.11 中 *S-N* 曲线的水平线段对应的纵坐标就是疲劳极限。

对于裂纹形成寿命的估算，一般采用名义应力法和局部应力应变法。名义应力法在应用累积损伤理论时，依据构件的 *S-N* 曲线或与构件应力集中系数相同材料 *S-N* 曲线计算损伤度。而局部应力应变法先对缺口根部进行应力应变分析，然后依据无缺口光滑小试件的曲线，计算每一循环的损伤并进行累积，进而给出寿命。另外，用于螺栓或铆钉连接件寿命估算的应力严重系数法，也基于具有应力集中材料的 *S-N* 曲线。若想要估算裂纹扩展寿命，必须先求出构件应力强度因子，利用数值积分法，求得由初始裂纹扩展至临界裂纹或断裂的寿命。

3.4.5 硬度

硬度是指材料抵抗表面局部塑性变形的能力。硬度是衡量材料软硬的指标，是一个综合的物理量，是工业上质量检验、工艺设计最常用的性能指标。材料的硬度越高，耐磨性越好，故常将硬度值作为衡量材料耐磨性的重要指标之一。硬度主要作为检验产品质量、衡量刀具软硬程度、评价轴承耐磨性的主要指标。

有三种硬度的评价指标，分别为布氏硬度、洛氏硬度和维氏硬度。

（1）布氏硬度

布氏硬度的实验测量方法为将直径为 D 的淬火钢球或硬质合金球，以相应的试验力 P 压入试样表面，保持规定的时间后卸除试验力，在试样表面留下球形压痕，如图 3.12 所示。

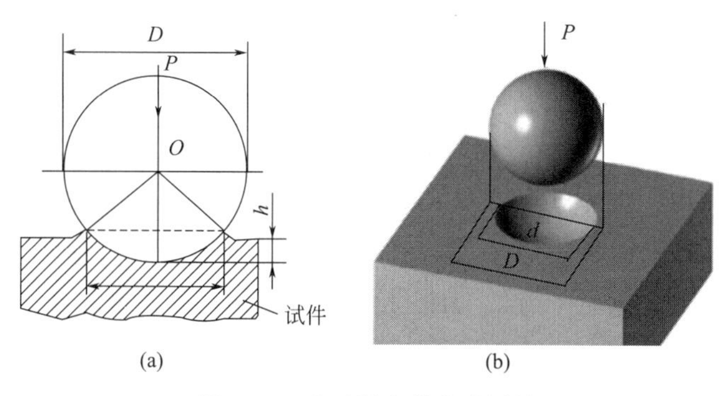

图 3.12 布氏硬度的实验测量

当压头为钢球时，布氏硬度用符号 HBS 表示，适用于布氏硬度值在 450 以下的材料。压头为硬质合金球时，用符号 HBW 表示，适用于布氏硬度在 650 以下的材料。符号 HBS 或 HBW 之前的数字表示硬度值，符号后面的数字按顺序分别表示球体直径、载荷及载荷保持时间。如 620HBW10/1000/30 表示直径为 10mm 的硬质合金球在 1000kgf（9.807kN）载荷作用下保持 30s 测得的布氏硬度值为 620。材料的 σ_b 与 HB 之间的经验关系为：

对于低碳钢 σ_b(MPa)≈3.6HB

对于高碳钢 σ_b(MPa)≈3.4HB

对于铸铁 σ_b(MPa)≈1HB 或 σ_b(MPa)≈0.6(HB−40)

布氏硬度压痕如图 3.13 所示。

图 3.13 布氏硬度压痕

使用布氏硬度作为硬度评价指标的优点为测量误差小，数据稳定；缺点为压痕大，不能用于太薄件、成品件及比压头还硬的材料。它适于测量退火、正火、调质钢，铸铁及有色金属的硬度。

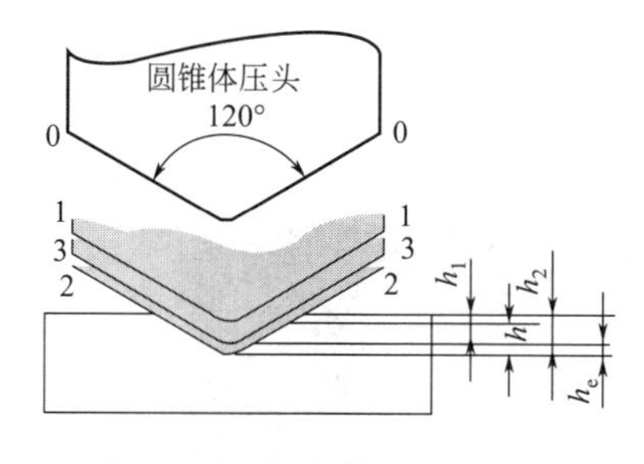

图 3.14 洛氏硬度实验原理

1—1—加上初载荷后压头的位置；

1—2—加上初载荷＋主载荷后压头的位置；

1—3—卸去主载荷后压头的位置；

h_e—卸去主载荷的弹性恢复

（2）洛氏硬度

洛氏硬度的测量方法是以顶角 120°的金刚石圆锥体或直径为 ϕ1.588mm 的淬火钢球作压头，以规定的试验力使其压入试样表面，如图 3.14 所示。试验时，先加初试验力，然后加主试验力。压入试样表面之后卸除主试验力，在保留初试验力的情况下，根据试样表面的压痕深度，确定被测金属材料的洛氏硬度值。

根据压头类型和主载荷不同，分为九个标尺，常用的标尺为 HRB（钢球压头，100kg 载荷）、HRC（圆锥压头，150kg 载荷）和 HRA（圆锥压头，60kg 载荷）。HRA 用于测量高硬度材料，如硬质合金、表淬层和渗碳层等；HRB 用于测量低硬度材料，如有色金属和退火、正火钢等；HRC 用于测量中等硬度材料，如调质钢、淬火钢等。

洛氏硬度作为硬度评价指标的优点为操作简便，压痕小，适用范围广；缺点则是测量结果分散度大。

（3）维氏硬度

维氏硬度 HV 符号前的数字为硬度值，后面的数字按顺序分别表示载荷值及载荷保持时间。根据载荷范围不同，规定了三种测定方法——维氏硬度试验、小负荷维氏硬度试验、显微维氏硬度试验。维氏硬度保留了布氏硬度和洛氏硬度的优点。适于各种硬度值的测量；压痕小，可测表面硬化层、薄片零件。硬度之间互换的关系为：当硬度为 200～600HBS 时，洛氏硬度和布氏硬度的转化关系为 10HRC 相当于 1HBS；当硬度小于 450HBS 时，布氏硬度和维氏硬度的转化关系为 1HBS 相当于 1HV。

3.4.6　断裂韧性

（1）断裂韧性的概念

断裂韧性是试样或构件中有裂纹或类裂纹缺陷情形下，发生以其为起点的、不再随着载荷增加而快速断裂时，即发生所谓不稳定断裂时，材料显示的阻抗值。这样的断裂韧性值，可用能量释放率 g、应力强度因子 K、裂纹尖端张开位移 CTOD 和 J 积分等描述裂纹尖端的力学状态的单一参量表示。

断裂韧性表征材料阻止裂纹扩展的能力，是度量材料韧性好坏的一个量化指标。在加载速度和温度一定的条件下，对某种材料而言，断裂韧性通常是一个常数。它和裂纹本身的大小、形状及外加应力大小无关，是材料固有的特性，只与材料本身、热处理及加工工艺有关。当裂纹尺寸一定时，材料的断裂韧性值越大，其裂纹失稳扩展所需的临界应力就越大；当给定外力时，若材料的断裂韧性值越高，其裂纹达到失稳扩展时的临界尺寸就越大。断裂韧性是应力强度因子的临界值，常用断裂前物体吸收的能量或外界对物体所做的功表示。韧性材料因具有大的断裂伸长值，所以有较大的断裂韧性，而脆性材料一般断裂韧性较小。

断裂韧性在工程中受到重视的原因是，它表征与光滑试样中强度特性完全相反的特性。例如，同一系列材料的断裂韧性值可能会随屈服强度增大而下降。因此，尽管按屈服强度准则校核，已十分安全的高强度材料的设计结构，由于其构件可能含有缺陷、裂纹，也会发生不稳定断裂而造成致命损伤。同时，由于材料的屈服强度随温度下降而增大，在设计过程中，应充分考虑低温断裂韧性的情形。由于对上述断裂韧性认识不足而发生过多起严重事故，例如油轮断裂和北极星导弹发动机壳体爆炸与材料中存在缺陷有关，如图 3.15 所示。

(a)

(b)

图 3.15　油轮断裂和导弹发动机壳体爆炸

一般来说，在不稳定断裂之前，随着载荷增加断裂徐徐进行，即所谓稳定断裂的情形。虽是一种稳定断裂，但由于疲劳、应力腐蚀裂纹、蠕变等原因，裂纹扩展后存在转变为不稳定断裂的情况。图 3.16 为裂纹扩展的基本形式。

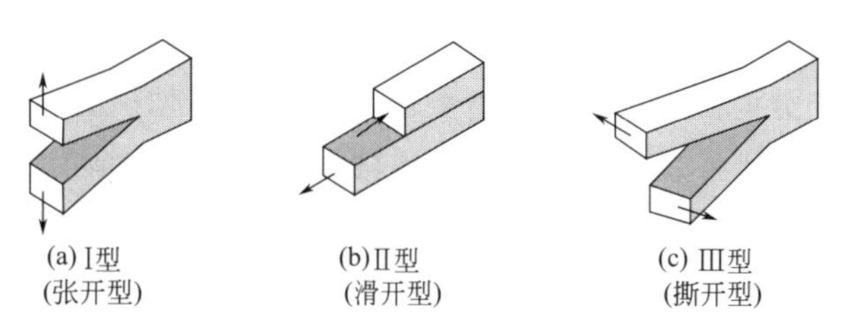

图 3.16　裂纹扩展的基本形式

如把临界缺陷扩展称为不稳定断裂，把亚临界缺陷扩展叫作稳定断裂，不管稳定断裂的内容如何，断裂韧性均表示材料在稳定断裂转变为不稳定断裂时的阻抗值。当然，断裂韧性会受事先进行的稳定断裂的影响。同时，断裂韧性值有显著的尺寸效应。

（2）脆性断裂

金属材料的平面应变断裂韧性 K_{IC}，是在断裂力学这门学科形成后提炼出来的一个新型的力学性能指标，而早期断裂力学的诞生则是研究防止脆性破坏的结果，因此，需要先了解脆性破坏的情况。

脆性破坏是机械零件失效的重要方式之一。它是在零件受载过程中，在没有产生明显宏观塑性变形的情况下，突然发生的一种破坏。由于事先没有明显的迹象，因此脆性破坏的危险性很大。

防止零部件发生脆性破坏的传统方法是：

① 要求选用的材料具有一定的塑性指标 δ 和 ψ，并具有一定的冲击韧性值 a_k。这种选材方法完全是根据零部件的使用经验来确定的，它既没有充足的理论根据，又不能保证零部件工作的安全性。例如，1950 年美国北极星导弹固体燃料发动机壳体在实验发射时，发生了爆炸事故，而使用的 1373MPa 屈服强度的 D6AC 钢是经过严格检验的，其塑性和冲击韧性指标都是完全合格的。又如，我国生产的 120t 氧气顶吹转炉的转轴也曾经发生过断轴事故，而使用的 40Cr 钢的强度、塑性和冲击韧性指标都是经过检验且达到设计要求。

② 采用转变温度的方法，对材料的转变温度提出一定的要求。由于一次冲断试验，只考虑了应力集中和加大应变速率这两个因素，还没有考虑温度降低对材料脆性破坏的影响。为此，通过设计系列冲击试验，即在一系列不同温度下进行冲击试验，得到 a_k-T 曲线和脆性断口百分率-温度 T 的曲线，由此确定脆性断口转变温度，常用的是 $FATT_{50}$。一般认为，只要零部件的实际工作温度大于材料的脆性转变温度 $FATT_{50}$，就不会发生脆性破坏。

尽管如此，上面两种方法都属于经验性的，实际上难以找到实验室中的转变温度与实际零部件的转变温度之间的对应关系。因此，按这种方法的设计和选材，要么很保守，要么仍存在脆性破坏的风险。国内外大量的轴、转子、容器和管道、焊接结构出现的脆性破坏事故表明，传统的防脆断设计方法有其局限性。

试验研究表明，大量低应力脆性破坏的发生，和零件内部存在宏观缺陷有关。这些缺陷有的是在生产过程中产生的，如在冶炼、铸造、锻造、热处理和焊接中产生的夹杂、气孔、疏松、白点、折叠、裂纹和未焊透等；还有的是在使用过程中产生的，如疲劳裂纹、应力腐蚀裂纹和蠕变裂纹等。所有的这些宏观缺陷，在断裂力学中都被假设（抽象化）为裂纹，在零部件承受外加载荷时，裂纹尖端产生应力集中。如果材料的塑性性能很好，它就能使裂纹尖端的集中应力得到充分的松弛，有可能避免脆性开裂。但是，如果由于某些原因（或是材料的塑性性能很差；或是零件尺寸很大，约束了材料的变形；或是工作温度降低，使材料工作在转变温度以下；或是加载速率提高，使材料塑性变形跟不上而呈脆性；或是腐蚀介质或射线辐照的作用引起材料的脆化等），就有可能使裂纹尖端产生脆性开裂，从而造成零件的脆性破坏。

当带缺陷的物体受力时，研究其内部缺陷（裂纹附件近应力应变场的情况及其变化规律）、裂纹开裂的条件以及裂纹在交变载荷下的扩展规律等内容，形成了一门新的学科——断裂力学。

（3）提高断裂韧性的方法

如能提高断裂韧性，就能提高材料的抗脆断能力。因此必须了解影响断裂韧性的主要因素。影响断裂韧性的因素，有外部因素，也有内部因素。

外部因素包括板材或构件截面的尺寸、服役条件下的温度和应变速率等。材料的断裂韧性随着板材或构件截面尺寸的增加而逐渐减小，最后趋于一稳定的最低值，即平面应变断裂韧性 K_{IC}。这是一个从平面应力状态向平面应变状态的转化过程。断裂韧性随温度的变化关系和冲击韧性的变化相似。随着温度的降低，断裂韧性可以有一急剧降低的温度范围，低于此温度范围，断裂韧性趋于很低的稳定数值，即便温度再降低，断裂韧度的变化也趋于平缓。关于材料在高温下的断裂韧性，Hahn 和 Rosenfied 提出了经验公式

$$K_{IC}=n\left(\frac{2E\sigma_s\varepsilon_f}{3}\right)^{\frac{1}{2}} \tag{3.15}$$

式中 n——高温下材料的应变硬化指数；

E——高温下材料的弹性模量，MPa；

σ_s——高温下材料的屈服应力，MPa；

ε_f——高温下单向拉伸时的断裂真应变，$\varepsilon_f=\ln(1+\psi)$；

ψ——高温下单向拉伸时的断面收缩率。

应变速率的影响和温度的影响相似。理论上，增加应变速率和降低温度对材料断裂韧性的影响是一致的。

内部因素包括材料成分和内部组织。作为材料成分与内部组织因素的综合，材料强度是一宏观表现。从力学而不是冶金学的角度来看，首先人们总是从材料的强度变化出发来探讨断裂韧性的高低。只要知道材料的强度，就可大致推断材料的断裂韧性。通常，断裂韧性随材料屈服强度的降低而不断升高。大多数低合金钢均有此变化规律。即使像马氏体时效钢（18Ni）也是如此，只不过同样强度下断裂韧性值相对较高。

金属材料的断裂韧性、裂纹扩展速率和裂纹扩展的门槛值等力学性能指标已在力学测试、材料研究和金相分析等领域广泛使用，并在零部件的强度设计、新材料的研制、材料的应用研究、材料强度规律的试验研究、热处理工艺的选择以及失效分析中得到了广泛的应用。

3.5 常用的增材制造材料

3.5.1 高分子材料

3.5.1.1 高分子材料的结构

高分子化合物是由千百个原子彼此以共价键结合形成的相对分子质量特别大、具有重复结构单元的有机化合物。高分子材料是指以高分子化合物为基础的材料。图 3.17 为各式各样的高分子材料。

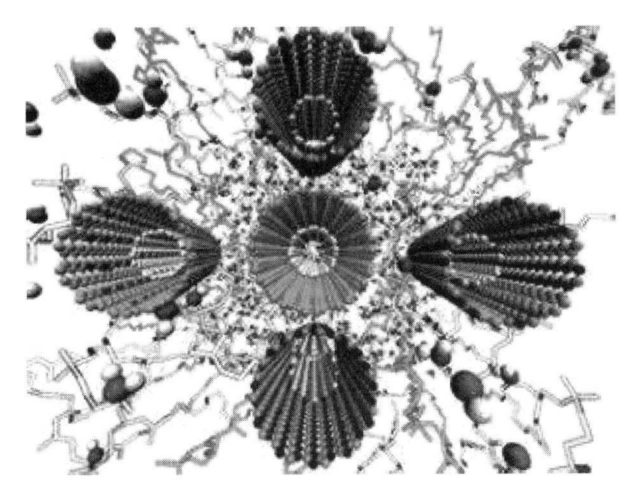

图 3.17 各种高分子材料

高分子的分子结构（图 3.18）可以分为两种基本类型：第一种是线型结构，具有这种结构的高分子化合物称为线型高分子化合物；第二种是体型结构，具有这种结构的高分子化合物称为体型高分子化合物。此外，有些高分子是带有支链的，称为支链高分子，也属于线型结构范畴；而有些高分子虽然分子链间有交联，但交联较少，这种结构称为网状结构，属于体型结构范畴。

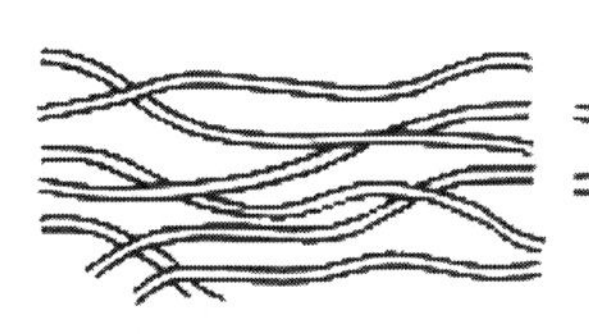

(a) 线型结构Ⅰ(不带支链的)

(b) 线型结构Ⅱ(带支链的)

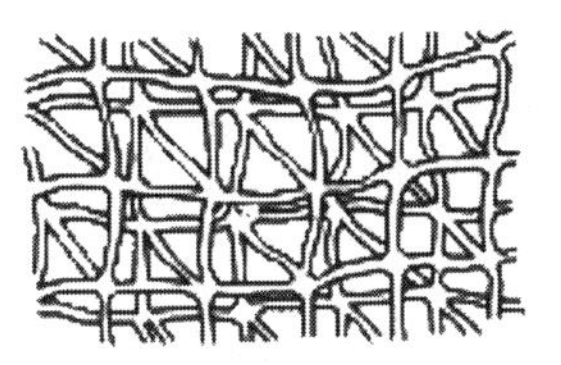

(c) 体型结构Ⅲ(交联的)

图 3.18 高分子的分子结构

在线型结构（包括带有支链的）高分子物质中有独立的大分子存在，这类高聚物的溶剂中或在加热熔融状态下，大分子可以彼此分离开来。而在体型结构（分子链间大量交联的）的高分子物质中则没有独立的大分子存在，因而也没有相对分子质量的意义，只有交联度的意义。交联很少的网状结构高分子物质也可能有分离的大分子存在。

两种不同的结构，表现出近似相反的性能。线型结构（包括支链结构）高聚物由于有独立的分子存在，因此具有弹性、可塑性，在溶剂中能溶解，加热能熔融，硬度和脆性较小。体型结构高聚物由于没有独立的大分子存在，因此几乎没有弹性和可塑性，不能溶解和熔融，只能溶胀，硬度和脆性较大。所以从结构上看，橡胶只能是线型结构或交联很少的网状结构的高分子，纤维也只能是线型的高分子，而塑料则两种结构的高分子都有。

3.5.1.2　高分子材料的特点

自20世纪50年代以来，高分子材料得到了迅猛的发展，种类日趋繁多，产量不断增大。以体积产量计算，高分子材料已远远超越金属材料和无机陶瓷材料，跃居材料行业的首位。而近年来增材制造的兴起，也为高分子材料提供了一个全新的应用舞台。当前，高分子类增材制造材料已成功地应用在航空航天、建筑、文物保护等多个领域中。尼龙类、ABS类、PC类材料是增材制造最常用的高分子材料。除作为主体材料直接打印成成品外，环氧树脂等高分子材料还可以作为黏结剂，配合其他材料应用于增材制造的多个相关领域。高分子材料在增材制造领域具有其他材料无可比拟的优势：

①增材制造作为一种新兴的产品加工手段，其个性化的生产思路必然导致加工手段多样化，所制备的产品种类、性质各具特色。因此，其对材料的物理、化学性能的要求也千差万别。增材制造的发展使得各种满足打印专一性需求的不同物理、化学性能的材料不断出现，而高分子材料本身具有种类繁多、性质各异、可塑性强的特点，通过对不同的聚合物单元结构、单元种类的选择和数量的调节，不同结构单元的共聚及配比，可以轻松获得不同物理、化学性能的粉末化、液态化、丝状化的新型高分子材料，从而实现增材制造材料需求的多样性和功能的专一性。

② 高分子材料具有熔融温度低的优点，且多数高分子熔体属于非牛顿流体，触变性能好，从而极大地满足了增材制造中FDM打印工艺的需求。而FDM工艺由于不使用激光，具备设备成本低、维护简单、成型速度快、后处理简单等优点，一直是增材制造技术推广应用的主力机型，因此用于FDM打印工艺的高分子增材制造材料也是目前增材制造材料研究的重点。此外，高分子增材制造材料由于具有较低的烧结温度，在SLS打印工艺中，对加工能耗和加工精度的要求也远低于金属粉末烧结，具备一定优势。

③ 高分子材料具有轻质高强的优点，尤其是部分工程塑料，其机械强度可以接近金属材料，而密度只略大于1g/cm^3。其较小的自重和高支撑力为打印镂空制品提供了便利。此外，轻质高强的特点也使其成为打印汽车零件和运动器材的首选。

④ 高分子材料价格便宜，在体积价格方面远胜金属材料，而且可加工性能更好，因此在增材制造材料中具有很高的性价比。

上述优势使高分子材料成为现阶段使用最广泛、研究最深入、市场化最便利的一类增材制造材料。

高分子材料在增材制造中可适用于FDM、SLS、3DP等多种工艺，根据FDM打印工艺的实际要求，一般需要高分子材料具有以下特性：

① 良好的触变性。高分子熔体在从打印喷头中高速喷出时，只有熔体具备良好的流动性方能顺利、准确地喷射至指定位置（即打印位置）；而当熔体材料到达打印位置时，则要求熔体有较高的黏度无法随意流动，这样才能够保证材料固定在打印位置不会变形、移动。这就要求高分子熔体在高剪切速率时具有较小的黏度，而在低剪切速率时具备较大的黏度，即要求高分子材料必须具备良好的触变性。FDM技术能够广泛应用ABS等高分子材料正是由于其良好的触变性，而普通尼龙等材料则更多地使用选择性激光烧结技术（SLS）进行打印。

② 合适的硬化速度。使用FDM技术进行增材制造时，采用熔体打印，因此高分子材料

的硬化速度至关重要。硬化速度太快，材料容易在喷头附近硬化，易造成喷头阻塞，损坏设备；硬化速度不够，由于必须在下一层硬化后再进行上一层的打印，因此将严重影响打印效率和制品质量。

③ 较小的热变形性和热收缩率。FDM 工艺和 SLS 工艺均是在高温下加工，在低温下成型，且成型过程不像传统高分子加工工艺那样有模具等束缚定型。高分子材料的热收缩率和热变形性要高于金属和陶瓷材料。因此，选择热变形性和收缩率小的材料或在高分子材料中添加玻璃纤维等纤维材料作为增材制造材料，减小制品的热变形性和热收缩率就显得尤为重要。

3.5.1.3 常见的高分子材料

3.5.1.3.1 塑料

塑料是指以树脂为基础原料，加入各种添加剂，在一定温度、压力下可塑制成型，在常温下能保持其形状不变的材料。塑料为合成的高分子化合物，是许多混杂种类聚合物的统称，可以在加工过程中流动成型，自由改变形体样式。

(1) 耐用性尼龙材料

尼龙（PA）是一种聚酰胺类热塑性树脂，密度 1.15g/cm^3，是分子主链上含有重复酰胺基团（—NHCO—）的热塑性树脂总称。尼龙外观为白色至淡黄色颗粒，制品表面有光泽且坚硬，1939 年实现工业化生产。由于其具有高强度、高韧性、耐磨及耐冲击性等特点，在工程塑料、合成纤维、塑料薄膜、涂料和黏结剂等领域应用广泛，在世界五大工程塑料中，其产量和消费量居于首位。图 3.19 为两种常见的尼龙制品。

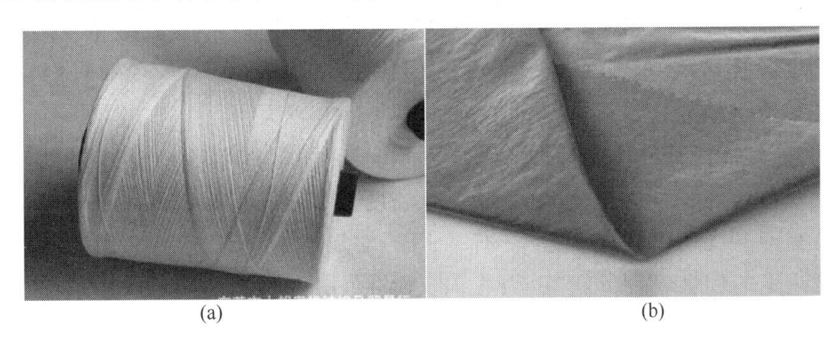

(a) (b)

图 3.19 尼龙线和尼龙布

一般聚合方法得到的尼龙树脂的分子量很小，约在 2 万以下，相对黏度为 2.3～2.6，而工程塑料用的尼龙树脂相对黏度要求在 2.8～3.5。分子量较大的工程塑料尼龙由于优越的机械性能、良好的润滑性和稳定性，近年来得到了迅猛的发展。增材制造使用的耐用性尼龙材料，便是一种工程塑料尼龙。

耐用性尼龙材料是一种非常精细的白色粉粒，做成的样品强度高，同时具有一定的柔性，可以承受较小的冲击力，并在弯曲状态下抵抗压力。它的表面有一种沙沙的、粉末的质感，也略微有些疏松。耐用性尼龙的热变形温度为 110℃，主要应用于汽车、家电、电子消费品、医疗等领域。图 3.20 为两种耐用性尼龙增材制造制品。

尼龙具有优良的力学性能，其拉伸强度、压缩强度、冲击强度、刚性及耐磨性都比较好，适合制造一些需要高强度、高韧性的制品。

(2) ABS 材料

ABS 是丙烯腈-丁二烯-苯乙烯共聚物，它是常用的一种增材制造塑料之一（图 3.21）。

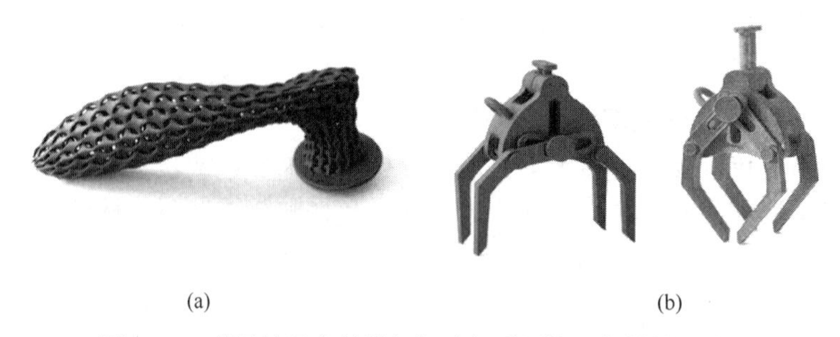

(a) (b)

图 3.20 耐用性尼龙材料门把手与耐用性尼龙材料机械手

ABS 塑料具有优良的综合性能，有极好的冲击强度，尺寸稳定性好，电性能、耐磨性、抗化学药品性、染色性及成型加工性较好。ABS 材料的性能主要分为以下几个方面。

① 常规性能。ABS 是一种综合性能良好的树脂，在比较宽广的温度范围内具有较高的冲击强度和表面硬度，热变形温度比 PA、聚氯乙烯（PVC）高，尺寸稳定性好。ABS 熔体的流动性比 PVC 和 PC 好，但比聚乙烯（PE）、PA 及聚苯乙烯（PS）差，与聚甲醛（POM）和耐冲击性聚苯乙烯（HIPS）类似。ABS 熔体属于非牛顿流体，其熔体黏度与加工温度和剪切速率都有关系，但对剪切速率更为敏感。ABS 的触变性优越，可满足 FDM 打印的需要。

② 力学性能。ABS 有优良的力学性能。首先，其冲击强度极好，可以在极低的温度下使用，即使 ABS 制品被破坏，极大可能为拉伸破坏而不是冲击破坏；其次，ABS 在具有优良的耐磨性能、较好的尺寸稳定性的同时还具有耐油性，所以可用于中等载荷和转速下的轴承。ABS 的蠕变性比聚砜（PSF）及 PC 大，但比 PA 和 POM 小。在塑料中，ABS 的抗弯强度和抗压强度是较差的，并且力学性能受温度的影响较大。

③ 热学性能。ABS 属于无定形聚合物，所以没有明显的熔点，熔体黏度较高，流动性差，耐候性较差，紫外线可使其变色；热变形温度为 70～107℃（85℃左右），而其制品经退火处理后热变形温度还可提高 10℃左右。ABS 对温度、剪切速率都比较敏感，在－40℃时还能表现出一定的韧性，因此可在－40～85℃的范围内长期使用。

④ 电性能。ABS 的电绝缘性较好，并且几乎不受温度、湿度和频率的影响，可在大多数环境下使用。

⑤ 环境性能。ABS 树脂耐水、无机盐、碱和酸类，不溶于大部分醇类和烃类溶剂，而容易溶于醛、酮、酯和某些氯代烃中。

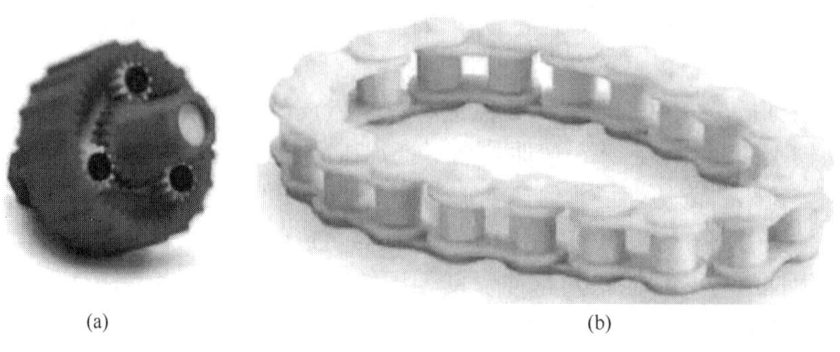

(a) (b)

图 3.21 ABS 成型产品

（3）PLA 材料

聚乳酸（PLA）又名玉米淀粉树脂，是一种新型的生物降解塑料，使用可再生的植物资源（如玉米）提取出的淀粉原料制备而成，具有良好的生物可降解性。聚乳酸属于一种丙交酯聚酯。聚乳酸的加工温度为 170～230℃，具有良好的热稳定性和抗溶剂性。聚乳酸熔体具有良好的触变性和可加工性，可采用多种方式进行加工，如挤压、纺丝、双轴拉伸、注射吹塑等。由聚乳酸制成的产品除具有良好的生物降解能力外，其光泽度、透明性、手感和耐热性也很不错。聚乳酸具有优越的部分生物相容性，被广泛用于生物医用材料领域。此外，聚乳酸也可用于包装材料、纤维和非制造物等方面。聚乳酸一经问世就被认为是迄今为止最有市场潜力的可生物降解聚合物材料之一而备受关注。与其他高分子材料相比，聚乳酸具有很多突出的优异性能，使其在增材制造领域拥有广泛的应用前景。

由于高分子量的聚乳酸有非常高的力学性能，在欧美等国家已被用来代替不锈钢，作为新型的骨科内固定材料（如骨钉、骨板）大量使用，其可被人体吸收代谢的特性使病人免受了二次开刀之苦。采用增材制造技术用聚乳酸制备接骨板等生物医用材料的研究也屡见报道。

然而，聚乳酸作为增材制造耗材也有一定的劣势。比如，打印出来的物体性脆，抗冲击能力不足。此外，聚乳酸的耐高温性较差，物体打印出来后在高温环境下就会直接变形等，也在一定程度上影响了聚乳酸在增材制造领域的应用。

图 3.22 为聚乳酸材料成型产品。

（4）PC 材料

聚碳酸酯（PC）是 20 世纪 50 年代末期发展起来的一种无色高透明度的热塑性工程塑料（图 3.23）。聚碳酸酯的密度为 $1.20 \sim 1.22 g/cm^3$，线膨胀率为 $3.8 \times 10^{-5} K^{-1}$，热变形温度为 135℃。聚碳酸酯是一种耐冲击、韧性高、耐热性高、耐化学腐蚀、耐候性好且透光性好的热塑性聚合物，被广泛应用于眼镜片、饮料瓶等各种领域。聚碳酸酯是产量仅次于聚酰胺的第二大工程塑料。其颜色比较单一，只有白色，但其强度比 ABS 材料高出 60%左右，具备超强的工程材料属性，广泛应用于电子消费品、家电、汽车制造、航空航天、医疗器械等领域。聚碳酸酯具有极高的应力承载能力，适用于需要经受高强度冲击的产品，因此也常常被用于果汁机、电动工具、汽车零件等产品的制造。

图 3.22 聚乳酸材料成型产品

图 3.23 典型的 PC 材料

（5）聚醚酰亚胺材料

聚醚酰亚胺（PI）是聚酰亚胺的一种。聚醚酰亚胺是最早研发和使用的特种塑料。聚醚酰亚胺具有耐高温性、良好的力学性能、很高的介电性能、很强的耐辐照能力以及自熄性，安全无毒，并且具有较好的生物相容性和血液相容性以及较低的细胞毒性，而且能耐大多数溶剂，但易受浓碱和浓酸的侵蚀，所以主要应用在宇航和电子工业中。聚醚酰亚胺还可用于制造特殊条件下的精密零件，如耐高温、高真空自润滑轴承，密封圈，压缩机活塞环等。聚醚酰亚胺制成的泡沫材料可用于保温防火材料、飞机上的屏蔽材料等。常见的 PI 材料如图 3.24 所示。

图 3.24　常见的 PI 材料

(6) 砜聚合物材料

砜聚合物是一类化学结构中含有砜基的芳香族非晶聚合物，包括聚砜（PSF）、聚醚砜（PES）和聚亚苯基砜（PPSF）。砜聚合物具有优异的综合性能，不仅具有较好的力学性能和介电性能，还具有良好的耐热性能、耐蠕变性及阻燃性能和较好的化学稳定性、透明性。并且它还具有食品卫生性，所以获得了美国食品及药品管理局（FDA）的认证，可以与食品和饮用水直接接触。PSF 材料是一种无定形热塑性树脂，在其高分子主链中含有醚和砜键以及双酚 A 的异丙基，适用于制备汽车、飞机中耐热的零部件，也可用于制备线圈骨架和电位器的部件等。此外，聚砜的成膜性很好，已被大量地用于微孔膜的制备。其制品如图 3.25 所示。

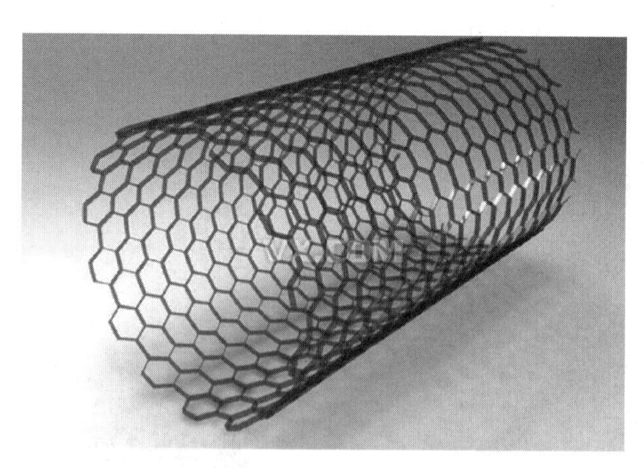

图 3.25　砜聚合物材料制品

3.5.1.3.2　橡胶材料

"塑料、橡胶、纤维"——人们通常会从三大高分子材料之一的地位上来认识橡胶，其实较之塑料和纤维，橡胶还有更重要的地位；在四大工业基础原料——天然橡胶、煤炭、钢铁和石油中，天然橡胶占有一席之地，更重要的是，天然橡胶在四大原料之中是唯一的可再生资源。橡胶是一类链骨架上含有多个未饱和双键的聚合物。这些双键通常在氧、硫存在的情况下可以打开，在相邻键之间形成交联，因而具有其他材料所不具备的高弹性。橡胶可以从一些植物的树汁中取得（如天然橡胶），也可以人造得到（如丁苯橡胶等），而两者均有相当多的应用产品，如轮胎、垫圈等。橡胶类材料的颜色多为无色或浅黄色，加炭黑后显黑色。不同的橡胶产品具备不同级别的弹性材料特征，这些材料所具备的硬度、断裂伸长率、抗撕裂强度和拉伸强度，使其非常适合于要求防滑或柔软表面的应用领域。橡胶以其优异的性能，在交通运输、工农业生产、建筑、航空航天、电子信息产业、医药卫生等多个不同的领域都得到了极其广泛的应用，是国民经济和科技领域中不可缺少的战略资源之一。从橡胶发展的历史看，1900 年可以作为一个分水岭，之前人类对橡胶的认识与利用仅仅局限于天然橡胶，之后则慢慢进入人工合成橡胶的阶段。图 3.26 为橡胶材料制品。橡胶在医药电子领域的应用如图 3.27 所示。

(a) (b)

图 3.26 橡胶材料制品

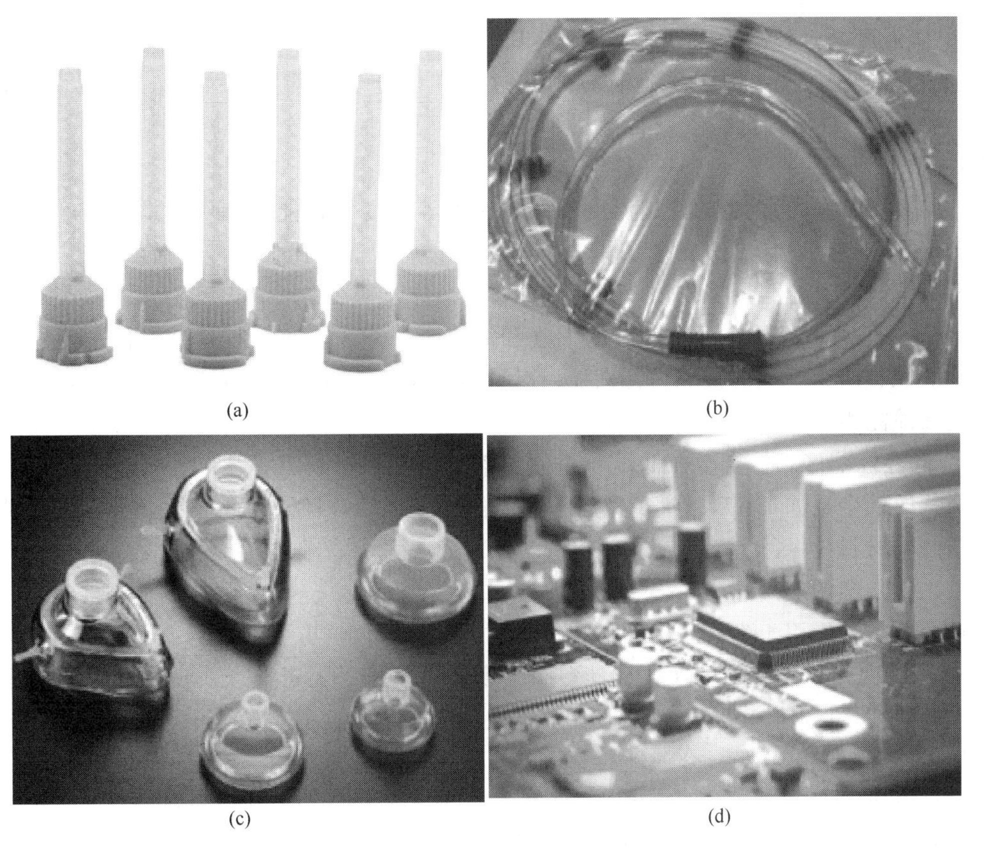
(a) (b) (c) (d)

图 3.27 橡胶在医药电子领域的应用

3.5.2 金属材料

近年来，金属材料的增材制造技术发展尤其迅速。在国防领域，欧美发达国家非常重视增材制造技术的发展，不惜投入巨资加以研究，而增材制造金属零部件一直是研究和应用的重点。增材制造所用的金属粉末一般要求纯净度高、球形度好、粒径分布窄、氧含量低。目前，应用于增材制造的金属粉末材料主要有钛合金、钴铬合金、不锈钢和铝合金材料等。此外，还有用于打印首饰用的金、银等贵金属粉末材料。钴铬合金是一种以钴和铬为主要成分的高温合金，它的抗腐蚀性能和力学性能都非常优异，用其制作的零部件强度高、耐高温。采用增材制造技术制造的钴铬合金零部件，强度非常高，尺寸精确，能制作的最小尺寸可达1mm，而且其零部件的某些力学性能优于锻造工艺。不锈钢以其耐空气、蒸汽、水等弱腐蚀介质和酸、碱、盐等化学浸蚀性介质腐蚀而得到了广泛应用。不锈钢粉末是金属增材制造经常使用的一类性价比较高的金属粉末材料。增材制造的不锈钢模型具有较高的强度，而且适合打印尺寸较大的物品。

3.5.2.1 钛合金

（1）钛合金的特性

钛是一种重要的结构金属，密度为 $4.54g/cm^3$，比轻金属镁稍重一些。但它的机械强度与钢相差不多，比铝大 2 倍，比镁大 5 倍。钛耐高温，熔点为 1678℃。钛的性能与所含的碳、氮、氢、氧等杂质含量有关，最纯的碘化钛杂质含量不超过 0.1%，但其强度低、塑性高。钛合金是以钛为基加入其他元素组成的合金。因为钛具有密度小、耐高温等物理性质，钛合金具有如下优良的特性。

① 比强度高。钛合金的密度一般在 $4.5g/cm^3$ 左右，仅为钢的 60%，纯钛的强度接近普通钢的强度，一些高强度钛合金则超过了许多合金结构钢的强度。因此，钛合金的比强度（强度/密度）远大于其他金属结构材料，可制出单位强度高、刚性好、质量轻的零部件。

② 热强度高。钛合金的使用温度较高，在中等温度下仍能保持所要求的强度。和较为常用的铝合金相比，钛合金在 150～500℃范围内仍有很高的比强度，而铝合金在 150℃时比强度明显下降；钛合金的工作温度可达 500℃，铝合金则在 200℃以下。

③ 抗蚀性好。钛合金可在潮湿的大气和海水介质中工作，其抗蚀性远优于不锈钢；对点蚀、酸蚀、应力腐蚀的抵抗力特别强；对碱、氯化物、氯的有机物品、硝酸、硫酸等有优良的抗腐蚀能力。

④ 低温性能好。钛合金在低温和超低温下，仍能保持其力学性能。低温性能好、间隙元素极低的钛合金如 TA7，在－253℃下还能保持一定的塑性。因此，钛合金也是一种重要的低温结构材料。

（2）钛合金的应用

钛合金主要应用于生物医用材料和航空航天及精密仪器方面。

① 生物医用材料方面。钛合金具有高强度、低密度、无毒性以及良好的生物相容性和耐蚀性等特性，已被广泛用于医学领域中，成为人工关节、骨创伤、脊柱矫形内固定系统、牙种植体、人工心脏瓣膜、介入性心血管支架、手术器械等医用产品的首选材料。

这些植入材料对于每个人来说都是不同的，形态各异。如果使用模具铸造，必将造成资源浪费和成本提高等，但使用增材制造就完美地解决了这些问题。针对个异性的植入性材料，增材制造不需要模具，可以根据个人不同的要求进行个性化设计，大大节约了时间和成本。鉴于钛合金在医学领域优良的使用效果，人们对其也越来越重视。随着医疗事业的不断发展，钛作为已知生物学性能最好的金属材料，其医用领域的市场需求将不断扩大，应用前景广阔。

② 航空航天方面。从20世纪50年代开始，钛合金在航空航天领域中得到了迅速发展。该应用主要是利用了钛合金优异的综合力学性能、低密度以及良好的耐蚀性，比如航空结构件要求材料具有高抗拉强度、良好的疲劳强度和断裂韧性。而钛合金优异的高温抗拉强度、蠕变强度和高温稳定性也使之应用在喷气式发动机上。钛合金是当代飞行器和发动机的主要结构材料之一，应用它可以减轻飞机的重量，提高结构效率。其中，驾驶员座舱和通风道的部件、飞机起落架的支架、整个机翼等飞机零件都已经可以使用增材制造来生产。这些零部件产量较低，传统生产成本高，所以特别适合采用增材制造技术。

③ 精密仪器方面。钛及其合金可用于发动机阀门、轴承座、阀簧、连杆以及半轴、螺栓、紧固件、悬簧和排气系统元件等。在轿车中使用钛合金，可达到节油、降低发动机噪声及振动、延长寿命的作用。对于这些精密零部件，传统的铸造方法往往难以达到其长寿命使用需求，产品合格率不高；而增材制造使用数字化设计产品，在制造精密产品方面优势明显，既节约了成本，又提高了质量。机动车中的钛合金零部件如图3.28所示。

图 3.28　增材制造的钛合金零部件

钛合金凭借其优异的性能，在运动器械如自行车、摩托艇、网球拍和马具上都获得了广泛应用。钛易于阳极化成各种颜色，这使其应用在建筑物、手表和珠宝等行业也具有很好的视觉效果。

3.5.2.2　不锈钢

不锈钢材料具有良好的抗腐蚀及力学性能，适用于功能性原型件和系列零件，被广泛应用于工程和医疗领域。不锈钢增材制造在金属打印中是相对经济的一种打印形式，既具有高强度，又适合打印大物品。其应用范围包括家电、汽车制造、航空航天、医疗器械等，材料颜色有玫瑰金、钛金、紫金、银白色、蓝色等。不锈钢增材制造制品如图3.29所示。

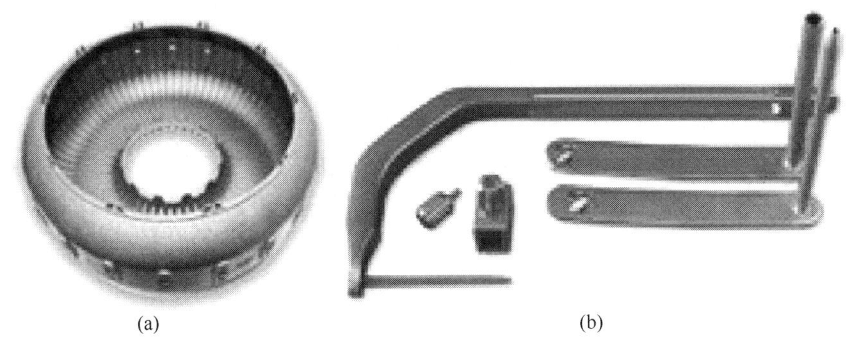

(a)　(b)

图 3.29　不锈钢零部件

316L是常用的增材制造不锈钢材料。该材料易于维护，主要由铁（66%～70%）、铬（16%～18%）、镍（11%～14%）和钼（2%～3%）组成的细金属粉末制成。该材料具有较强的耐腐蚀性和较高的延展性。这些功能使其成为医疗、航空航天、汽车及饰品加工等行业的实践首选。图3.30为增材制造的316L不锈钢模型。

图3.30 316L不锈钢模型

在采用直接金属激光烧结技术进行不锈钢增材制造的过程中，激光束使金属粉末熔合并形成单层截面形状，没有经过特别后处理的不锈钢材料表现出粒状和粗糙的外观，适合大多数应用场景。通过精加工步骤可使打印后的制品获得光泽的表面，零件还可以加工、钻孔、焊接、电蚀、造粒、抛光和涂层。与其他增材制造金属材料相比，不锈钢能成型比较光滑的零件表面。

在采用选择性激光熔化成型（SLM）技术进行不锈钢增材制造的过程中，与传统的铸造工艺不同，SLM工艺过程中高能激光将金属粉末完全熔化形成了一个个小的熔池，该液相环境下金属原子的迁移速度比固相扩散快得多，有利于合金元素的自由移动和重新分布，由此可通过增材制造金属直接成型得到力学性能优异的金属零部件。SLM成型技术解决了之前传统不锈钢切削方式加工的弊端，而不锈钢来源十分广泛，用途多种多样，预计在不久的未来，SLM技术将会成为加工不锈钢的主流技术。

采用黏结剂喷射工艺的增材制造不锈钢材料主要由精细的不锈钢粉末组成（例如420不锈钢粉末）。在此过程中，该材料中渗入青铜材料以增加材料强度，即由60%的不锈钢材料和40%的青铜材料组成。虽然在渗透过程中，该材料具有相对较好的力学性能，但是它不能像不锈钢那样承受较大的负载和压力，因此主要将其用于制作饰品。如果未经抛光和镀层，该材料将具有浅棕色和颗粒表面。采用不同的后处理方法，可以获得镀镍和镀金的颜色以及抛光表面。黏结剂喷射不锈钢增材制造可以快速成型复杂零件。该材料力学性能优越，适用于制作装饰品。黏结剂喷射不锈钢可以喷涂、焊接、粉末涂层，并可进行钻孔、攻螺纹等机械加工。

3.5.2.3 铝材料

铝合金是以铝为基础，加入一种或几种其他元素（如铜、镁、硅、锰、锌等）构成的合金。其具有密度小、弹性好、比刚度和比强度高、耐磨耐腐蚀性好、抗冲击性好、导电导热性好、成型加工性能良好以及回收再生性高等一系列特性。铝合金材料被用于诸多领域，因其具有良好的导电性能，可代替铜作为导电材料；铝具有良好的导热性能，是制造机器活塞、热交换器、饭锅和电熨斗等的理想材料；将近半数的铝型材应用于建筑行业，如铝门窗、结构件、装饰板、铝幕墙等。在其他行业中，如铁路方面铝合金用于机车、车辆、客车制造，铁路电气化也要采用铝合金，航空航天、造船、石油及国防军工部门更需要高精尖铝合金材料。一架超音速飞机约由70%的铝及其合金构成。船舶建造中也要大量使用铝，一艘大型客船的用铝量常达几千吨。增材制造的铝合金材料制品如图3.31所示。

目前，铝合金结构件的成型加工方法主要是采用铸造、锻造、挤压等传统工艺。为了拓宽铝合金的应用范围，研究人员对铝合金成分及铸造工艺进行了充分摸索与改进，如变质处理、晶粒细化、铝合金成分净化、合金化、表面纯化等。这些先进的工艺处理技术旨在改善铝及铝合金材料的铸造工艺，从而有效地提高铸造铝合金的力学性能，制造出性能优异的铝合金铸件，以满足人们对铝合金结构件越来越高的要求。

尽管铝合金铸造技术在军工、航空航天、汽车制造等领域已经被广泛地应用且具有很好的发展前景，但也面临着严峻挑战。

图 3.31　增材制造的铝合金材料

首先，铝合金铸造技术由于特殊的成型工艺，会存在很多缺陷，从而影响铸件的使用性能。铸造铝合金的生产制造中存在的缺陷和不足主要体现在以下两个方面。

① 在铸注过程中会有很多缺陷形成，如错边、尺寸不符、浇不足、气孔、夹渣、针孔等，这些缺陷造成了铸造工艺的废品率通常在15%以上。

② 铸造工艺中由于冷却速度较慢，通常会造成铝合金晶粒异常长大，合金元素的偏析，严重影响铝合金的力学性能。此外，铸造铝合金在应用过程中的焊接性较差，容易产生塌陷、热裂纹、气孔、烧穿等缺陷；同时，还会发生铝的氧化、合金元素的烧损蒸发等导致焊缝性能降低。目前铝合金的连接问题也是制约其应用的瓶颈问题之一。

另外，随着工业化进程的加快，人们对铝合金零部件的结构和铸件性能的要求也日益提高，现代铝合金结构件的发展趋势是复杂形状结构件的整体成型及工艺流程的简单智能化。形状复杂、尺寸精密、小型薄壁、整体无余量零部件的快速生产制造是将来一段时期铝合金零部件加工的发展方向。而传统的铸造成型工艺从铸锭到机加工再到最后的实际零部件，需要多道工序且材料利用率较低，某些复杂零部件的材料利用率仅为10%左右，并且铸造过程中对模具的要求极高，对于一些复杂程度高的小型零部件甚至无法用铸造方法来成型。因此，铸造等传统成型加工方法在某些特定领域（如航空航天部件、汽车用复杂零部件、矿物加工等）的局限性日益明显。

增材制造可以针对性地解决上述铸造工艺中暴露出的主要缺陷，满足铸造过程中难以加工或加工困难的特殊零部件成型加工需求。增材制造首先通过计算机程序控制高能激光束有选择地扫描每一层固体粉末，并将每一层叠加起来，最终得到完整的实体模型。因为铝材料熔点低，所以不需要很高温度的激光束，这不仅保护了激光头，而且节约能源、降低成本；并且由于铝材料的密度在金属中相对较小，因此其在打印过程中不会因为重量太大而使产品损坏。打印过程使用粉末激光烧结技术，通过三维 CAD 数据直接打印出复杂的几何图形，全自动打印，基本不需要任何辅助工具。

铝合金增材制造制品在当今制造业中越来越具有竞争力，而采用 SLS、SLM 等成型工艺研究铝合金的性能和应用将为铝合金增材制造业开启新的篇章。

3.5.2.4　黄铜

黄铜材料是铜与锌的合金，由82%的铜和18%的锌组成，是在设计和制造珠宝与雕塑时经常会用到的贵金属替代品。黄铜能够显示出与金银材料相同水平的设计细节，而且价格低廉。对于黄铜的增材制造可使用蜡模铸造技术，其中原始蜡模型使用增材制造方法成型。蜡模在熔化之后填充黄铜，制造出实物，如图 3.32 所示。

3.5.2.5 钴铬钼耐热合金

CoCrMo 是一种耐高温、高强度、高耐腐蚀性、弹性好的金属材料，其化学性能稳定，对机体无刺激，完全符合植入人体材料的要求，广泛应用于人体关节的置换、制作牙齿模型等。

CobaltChrome MP1 是一种基于钴、铬、钼的超耐热合金材料，它具有优秀的力学性能、高的抗腐蚀性及抗温性，用于生物医学及航空航天领域。

CobaltChrome SP2 材料的成分与 CobaltChrome MP1 基本相同，抗腐蚀性较 MP1 更强，目前主要应用于牙科义齿的批量制造，包括牙冠、桥体等，如图 3.33 所示。

图 3.32 黄铜材料的增材制造制品

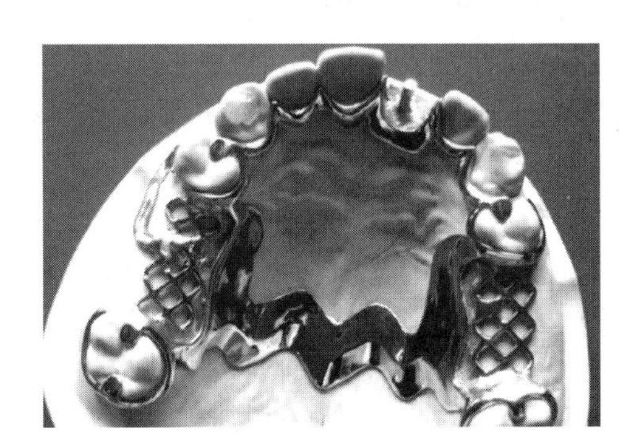

图 3.33 钴铬钼耐热合金制作的义齿

3.5.2.6 高温合金

高温合金是指以铁、镍、钴为基，能在 600℃以上的高温及一定的应力环境下长期工作的一类金属材料，具有较高的高温强度、良好的抗热腐蚀性和抗氧化性能以及良好的塑性和韧性。目前按合金基体种类可分为铁基、镍基和钴基合金三类，高温合金主要用于高性能发动机。在现代先进的航空发动机中，高温合金材料的使用量占发动机总质量的 40%～60%。现代高性能航空发动机的发展对高温合金的使用温度和性能的要求越来越高，传统的铸锭冶金工艺冷却速度慢，铸锭中某些元素偏析严重，热加工性能差、组织不均匀、性能不稳定，因此增材制造技术在高温合金成型中极有可能成为解决技术瓶颈的有效方法。

Inconel 718 合金是镍基高温合金中应用最早的一种，也是目前航空发动机使用量最多的一种。研究发现采用 SLM 工艺随着激光能量密度的增大，试样的微观组织经历了粗大柱状晶、聚集的枝晶、细长且均匀分布的柱状枝晶等组织变化过程，在优化工艺参数的前提下，可获得致密度接近 100%的试样。

3.5.2.7 镁合金

镁合金作为最轻的结构合金，由于具有特殊的高强度和阻尼性能，在诸多应用领域有替代钢和铝合金的可能。例如，镁合金在汽车以及航空器组件方面的轻量化应用，可降低燃料使用量和废气排放。镁合金具有原位降解性并且其弹性模量低，强度接近人骨，生物相容性优异，在外科植入方面比传统合金更有应用前景。通过不同功率的激光熔化 AZ91D 金属粉末，发现能量密度在 83～167J/mm^3 之间能够获得无明显宏观缺陷的制件。在层状结构中，扫描路径重合区域的 α-Mg 平均晶粒尺寸比扫描路径中心区域的要大。由于固溶强化和晶粒细化，SLM 成型镁合金相比铸造成型具有更高的强度和硬度。随着激光能量密度的减小，试样的晶粒尺寸发生粗化，试样硬度随着激光密度的增大而显著降低；增材制造镁合金的硬度范围为 0.59～0.95MPa，相应的弹性模量为 27～33GPa。

3.5.3 复合材料

3.5.3.1 复合材料的特点

复合材料是由两种或两种以上不同性质的材料，通过物理或化学的方法，在宏观（微观）上组成的具有新性能的材料。

复合材料是各向异性的非均质材料，与其他材料相比有以下突出特点：

① 比强度与比模量高。比强度、比模量是指材料的强度和模量与密度之比，比强度越高，零件的自重越小；比模量越高，零件的刚性越大。因此，对高速运转的结构件或需减轻自重的运输工具具有重要意义。

② 纤维增强复合材料中的纤维与基体间的界面能够有效地阻止疲劳裂纹的扩展，外加载荷由增强纤维承担。大多数金属材料的疲劳强度极限是其拉伸强度的 30%～50%，而复合材料则可达到 60%～80%。

③ 在热塑性塑料中掺入少量的短切碳纤维可大大地提高它的耐磨性，其增加的倍数可为原来的数倍。如聚氯乙烯以碳纤维增强后为其本身的 3.8 倍，聚四氟乙烯为其本身的 3 倍；聚丙烯为其本身的 2.5 倍；聚酰胺为其本身的 1.2 倍；聚酯为其本身的 2 倍。选用适当塑料与钢板复合可做耐磨物件，如轴承材料等。用聚四氟乙烯（或聚甲醛）为表层、多孔青铜和钢板为里层的三层复合材料，可制成具备良好性能的滑动轴承材料。

④ 化学稳定性优良。纤维增强酚醛塑料可长期在含氯离子的酸性介质中使用，用玻璃纤维增强塑料，可制造耐强酸、盐、酯和某些溶剂的化工管道、泵、阀及设备容器等。如用耐碱纤维与塑料复合，还能在强碱介质中使用。耐碱纤维可用来部分取代钢筋与水泥复合建筑材料。

⑤ 耐高温烧蚀性好。纤维增强复合材料中，除玻璃纤维软化点较低（700～900℃）外，其他纤维的熔点（或软化点）一般都在 2000℃以上，用这些纤维与金属基体组成的复合材料，高温下强度和模量均有提高。例如，用碳纤维或硼纤维增强后，400℃时强度和模量基本可保持室温下水平。同样用碳纤维增强金属镍，不仅密度下降，而且高温性能也提高。由于玻璃钢具有极低的热导率，可瞬时耐超高温，因此可做耐烧蚀材料。

⑥ 工艺性与可设计性好。调整增强材料的形状、排布及含量，可满足构件强度和刚度等的性能要求，且材料与构件可一次成型，减少了零部件、紧固件和接头数目，材料利用率大大提高。

复合材料在性能上能相互取长补短，产生协同效应，使其综合性能优于原组成材料而满足各种不同要求。将复合材料用于增材制造是一种时代发展的必然趋势。

3.5.3.2 常见的复合材料

（1）尼龙铝

尼龙铝是灰色铝粉及腈纶粉末的混合物。尼龙铝是一种高强度材料，做成的样件能够承受较小的冲击，并能在弯曲状态下抵抗一定的压力；尼龙铝成型尺寸精度高、强度高、具有金属外观，适用于制作展示模型、夹具和小批量制造模具。材料可应用于：飞机、汽车、火车、船舶、宇宙火箭、航天飞机、人造卫星、化学反应器、医疗器械、冷冻装置等行业。材料颜色为银白色，材料热变形温度为660℃。

(2) 玻璃纤维填充尼龙

玻璃纤维填充尼龙材料由聚酰胺粉末和玻璃珠的混合物制成。该材料的表面是白色的，具有细微孔隙。玻璃纤维填充尼龙比聚酰胺更耐用和坚固。玻璃纤维填充尼龙的表面不如聚酰胺那样平滑致密。该材料可以用于成型复杂模型，能够承受较大的应力和负载；具有高热变形温度和低磨损。玻璃纤维填充尼龙的表面质量优良，可用于脏污环境中，主要用于腐蚀、磨损、高温条件下使用的零件，适用于制作展示模型、外壳件、高强度机械结构测试和短时间受热使用的耐磨损零件。

图3.34为采用粉末激光烧结成型（SLS）工艺制作的尼龙玻璃纤维PA3200 GF制品。

图3.34　尼龙玻璃纤维PA3200 GF制品

(3) 碳纤维复合材料

碳纤维复合材料在航天、军工、电子等诸多领域都有着很广泛的应用。碳纤维复合材料是航空航天结构中最重要的组成部分之一，常用于飞机和航天器的内部骨架以及发动机等零件的固定支架等。随着科技的不断进步，碳纤维复合材料制品进入了人们的日常生活中，小到羽毛球拍，大到汽车，随处可见。碳纤维复合材料的强度要高于铜，自身重量却小于铝；与玻璃纤维相比，碳纤维还有高强度、高模量的特点，是非常优秀的增强型材料。还可以作为新型的非金属材料进行应用，其具备强度高、耐疲劳、抗蠕变、导电性好、抗高温、抗腐蚀、传热快、密度小和热膨胀系数低等特点。但高昂的制造成本限制了复合材料的广泛应用。与现有主要的复合材料制造技术［如热压罐成型技术、传递模塑（RTM）成型技术、缠绕成型技术、自动铺放技术］相比，碳纤维复合材料增材制造工艺具有成本低、效率高、无需模具、材料可回收利用等优势，能实现复杂结构复合材料构件的快速制造。

高性能连续纤维增强热塑性复合材料增材制造技术是以连续纤维增强热塑性高分子为基材，利用同步复合浸渍-熔融沉积的增材制造工艺实现高性能复合材料零件的一体化制造的增材制造技术。所制备的Cf/PLA（Cf质量分数为27%）复合材料抗弯强度达到了350MPa左右，弯曲模量达到了30GPa，是传统PLA零件（48～53MPa）的7倍左右。采用复合材料增材制造工艺可以实现复杂、薄壁结构碳纤维复合材料构件的快速制造。

3.5.4 无机非金属材料

3.5.4.1 无机非金属材料的特点

无机非金属材料是以某些元素的氧化物、碳化物、氮化物、卤素化合物、硼化物以及硅酸盐、铝酸盐、磷酸盐、硼酸盐等物质组成的材料，是除有机高分子材料和金属材料以外的所有材料的统称。

无机非金属材料是一种固体无机材料，具有很强的整体性，其理化性质稳定，不易老化、风化。无机非金属材料因具有优异的耐久性和有效性，且能承受高温，防水性能也表现出色，是一种很好的防火材料。无机非金属材料本身符合一到三级耐火材料标准，材料结构紧密，同时具有较好的防水渗透能力。无机非金属材料的物理、化学性质稳定，与酸碱反应敏感度低，具有很好的耐酸碱性。同时，无机非金属材料对鼠害、虫害的忍耐度较高，能保证较长期正常功能。

3.5.4.2 常见的无机非金属材料

（1）陶瓷材料

陶瓷是以天然黏土以及各种天然矿物为主要原料，经过粉碎混炼、成型和煅烧制得的材料。陶瓷材料可以分为普通陶瓷材料和特种陶瓷材料。普通陶瓷材料采用天然原料，如长石、黏土和石英等烧结而成，是典型的硅酸盐材料，主要组成元素是硅、铝、氧。普通陶瓷来源丰富、成本低、工艺成熟。特种陶瓷按性能特征和用途又可分为日用陶瓷、建筑陶瓷、电绝缘陶瓷、化工陶瓷等。特种陶瓷材料采用高纯度人工合成的原料，利用精密控制工艺成型烧结制成，一般具有某些特殊性能。根据其主要成分划分，有氧化物陶瓷、氮化物陶瓷、碳化物陶瓷、金属陶瓷等。特种陶瓷具有特殊的力学、光、声、电、磁、热等性能。根据用途不同，特种陶瓷材料可分为结构陶瓷、工具陶瓷、功能陶瓷。通常增材制造陶瓷制品属于特种陶瓷的范畴。

陶瓷材料具有化学稳定性好、强度高、硬度大、密度低、耐高温、耐腐蚀等很多优异的特性，可以使用在航空航天、汽车、生物等行业。陶瓷材料主要有以下优点：

① 陶瓷材料是工程材料中刚度最好、硬度最高的材料之一，其硬度大多1500HV以上。陶瓷的抗压强度较高，但抗拉强度较低，塑性和韧性很差。

② 陶瓷材料一般具有很高的熔点（大多在2000℃以上），并且能够在高温下呈现出极好的化学稳定性。

③ 陶瓷是良好的隔热材料，导热性低于金属材料，同时其线膨胀系数比金属低，当温度发生变化时，陶瓷具有良好的尺寸稳定性。陶瓷材料在高温下不容易氧化，并对酸、碱、盐具有良好的抗腐蚀能力。

④ 陶瓷材料还有独特的光学性能，可用作光导纤维材料、固体激光器材料、光储存器等。透明陶瓷具备独特的透光性，可用于高压钠灯灯管。磁性陶瓷（铁氧体如 $MnO \cdot Fe_2O_3 \cdot ZnO \cdot Fe_2O_3$）在录音磁带、唱片、变压器铁芯、大型计算机记忆元件方面有着广泛的应用前景。

目前我国很多机构已经可以用增材制造设备打印定制的陶瓷材料，图3.35即为打印出的精美陶瓷艺术品。由于陶瓷材料有很多优点，现在很多科学家已经开始在陶瓷材料中加入其他的成分试图探索新型优良特性材料。比如在陶瓷材料中加入金属成分，打印并烧结出具有钢材性质的物品。陶瓷材料的增材制造制品如图3.35所示。

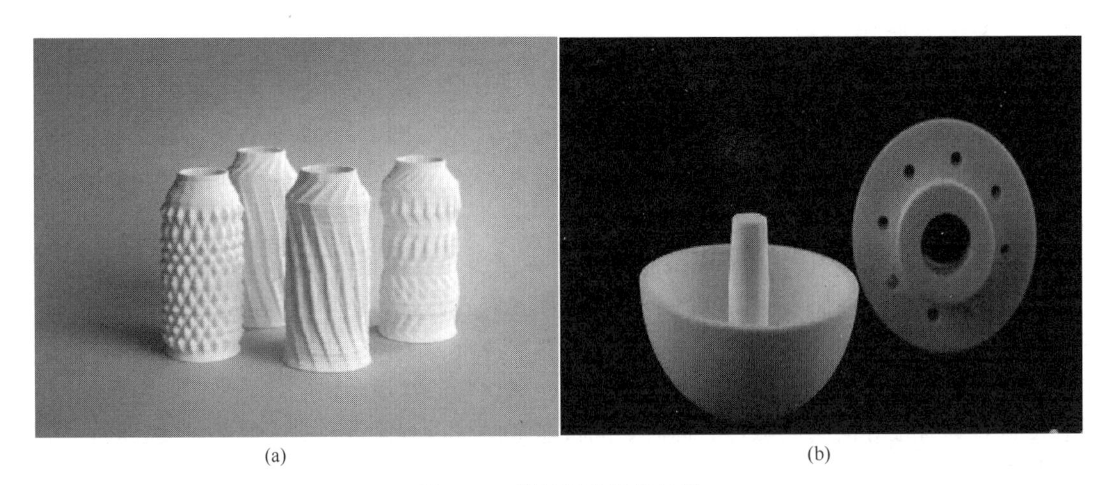

(a)　　　　(b)

图 3.35　增材制造陶瓷材料

（2）石膏材料

石膏为长块状或不规则形纤维状的结晶集合体，大小不一，全体呈白色至灰白色。大块的石膏上下两面平坦，无光泽及纹理，体重质松，易分成小块。石膏的纵断面具有纤维状纹理，并有绢丝样光泽，无嗅、味淡。石膏以块大色白、质松、纤维状、无杂石者为佳。石膏煅烧时，火焰为淡红黄色，能熔成白色瓷状的碱性小球，烧至 120℃时失去部分结晶水即成白色粉末状或块状的嫩石膏。石膏粉有时因含杂质而呈灰、浅黄、浅褐色。石膏的化学本质是硫酸钙，通常所说的石膏是指生石膏，化学本质是二水合硫酸钙（$CaSO_4 \cdot 2H_2O$）。当其在干燥条件下 128℃时会失去部分结晶水变为β-半水石膏，其化学本质是β-半水硫酸钙（$\beta\text{-}CaSO_4 \cdot 0.5H_2O$）。如果其在饱和蒸气压下会失去部分结晶水变为α-半水石膏，其化学本质是α-半水硫酸钙（$\alpha\text{-}CaSO_4 \cdot 0.5H_2O$）。这两个半水石膏化学式相同，但结构不同。它们继续脱去结晶水形成无水石膏，化学本质是无水硫酸钙（$CaSO_4$）。将石膏加入到熟料中共同粉磨至一定的细度后就能得到水泥。加入石膏主要是为了控制熟料中 $3CaO \cdot Al_2O_3$（铝酸三钙）的水化，调节水泥的凝结时间。

水泥生产中加入一定量的石膏，不仅可以对水泥起到缓凝作用，同时还可以提高水泥的强度。石膏粉不仅可以使用在水泥行业中，在建筑行业中的应用也十分广泛。石膏在建筑业中可以制作轻质石膏砌块、石膏板、粉刷石膏以及应用在陶瓷上。图 3.36 为利用石膏 3D 打印的建筑材料。

图 3.36　利用石膏打印的建筑材料

（3）砂岩材料

砂岩是一种沉积岩，主要由砂粒胶结而成，其中砂粒的含量大于 50%。绝大部分砂岩是由石英或长石组成的，石英和长石是地壳组成中最常见的成分。砂岩的颜色和成分有关，可以是任何颜色，最常见的是棕色、黄色、红色、灰色和白色。有的砂岩可以抵御风化，但又容易切割，所以经常用作建筑材料和铺路材料。石英砂岩中的颗粒比较均匀坚硬，所以也经常用作磨削工具。砂岩由于透水性较好，表面含水层可以过滤掉污染物，相比其他石材如石灰石更能抵御污染。砂岩是石英、长石等碎屑成分占50%以上的沉积碎屑岩。它是岩石经风化、剥蚀、搬运在盆地中堆积形成的。岩石由碎屑和填隙物两部分构成。碎屑除石英、长石外还有白云母、重矿物、岩屑等。填隙物包括胶结物和碎屑杂基两种组分。常见的胶结物有硅质和碳酸盐矿物，杂基成分主要指与碎屑同时沉积的颗粒更细的黏土或粉砂质物，填隙物的成分和结构反映砂岩形成的地质构造环境和物理化学条件。砂岩按其沉积环境可划分为石英砂岩、长石砂岩和岩屑砂岩三大类。砂层和砂岩构成石油、天然气和地下水的主要储集层。

彩色砂岩作为增材制造材料具有很多优点，它是一种暖色调的装饰用材，素雅而温馨，协调而不失华贵，具有石的质地、木的纹理，还有壮观的山水画面，色彩丰富、贴近自然、古朴典雅，在众多的石材中独具一格，因美而被人称为“丽石”。彩色砂岩是一种无光污、无辐射的优质天然石材，对人体无放射性伤害。它有隔音、防滑、吸光、吸潮、抗破损、户外不风化、水中不溶化，不长青苔、易清理等优点。而且与木材相比，它不易开裂、变形、腐烂和褪色。这些优点使得砂岩成为最广泛的一种建筑用石材。几百年前用砂岩装饰而成的建筑至今风韵犹存，如巴黎圣母院、罗浮宫、英伦皇宫、美国国会、哈佛大学等，砂岩高贵典雅的气质以及其坚硬的质地成就了世界建筑史上一朵朵奇葩。近几年砂岩作为一种天然的建筑材料，被追随时尚和自然的建筑设计师推崇，广泛地应用在商业和家庭装潢上。利用砂岩材料进行3D打印的玩偶如图3.37所示。

图3.37　利用砂岩打印的玩偶

3.5.5　其他增材制造材料

3.5.5.1　淀粉材料

淀粉是一种白色、无嗅、无味粉末，且具有吸湿性。它是由葡萄糖分子聚合而成，可以看作葡萄糖的高聚体。淀粉是细胞中碳水化合物最普遍的储藏形式，其通式为$(C_6H_{10}O_5)_n$。淀粉分为直链淀粉和支链淀粉两种。直链淀粉为无分支的螺旋结构，含几百个葡萄糖单元；支链淀粉由24～30个葡萄糖残基以α-1，4-糖苷键首尾相连而成，在支链处为α-1，6-糖苷键，含几千个葡萄糖单元。天然淀粉中直链淀粉占20%～26%，是可溶性的，其余则为支链淀粉。淀粉是植物体中储存的养分，储存在种子和块茎中，各类植物中的淀粉含量都较高，可从玉米、甘薯、野生橡子和葛根等含淀粉的物质中提取得到。

淀粉的一些性能和参数如表3.2所示。

表3.2　淀粉主要性能和参数

淀粉性能	参数
燃点	380℃
溶解性	不溶于水、乙醇和乙醚
熔点	256～258℃
密度	1.5g/mL
沸点	357.8℃

淀粉材料经微生物发酵成乳酸，再聚合成聚乳酸（PLA），和传统的石油基塑料相比，

聚乳酸更为安全、低碳、绿色。聚乳酸的单体乳酸是一种广泛使用的食品添加剂，经过体内糖酵解最后变成葡萄糖。聚乳酸产品在生产使用过程中，不会添加和产生任何有毒有害物质，除了常见的PLA材料，淀粉基聚合物材料还包括淀粉/PVA（聚乙烯醇）聚合物材料以及其他淀粉基生物降解材料。淀粉基聚合物材料属于环境友好型材料，和传统塑料废弃后对环境造成破坏不同的是，废弃的淀粉基产品，能进行生物降解，通过大自然微生物自然降解为水和二氧化碳，这个过程只要6～12个月，是真正对环境友好的材料。淀粉基材料虽然很强大，但是它也有弱点，如耐热和耐水解能力较差，这对淀粉基产品的使用产生了诸多限制。

聚乳酸是最常见的增材制造材料之一，但是其在温度高于50℃的时候就会变形，限制了它在餐饮和其他食品相关方面的应用。而通过无毒的成核剂加快聚乳酸的结晶化速度可以使聚乳酸的耐热温度提高，达到100℃。利用这种改良的聚乳酸材料可以打印餐具和食品级容器、袋子、杯子、盖子。这种材料还能用于非食品级应用，比如制作电子设备的元件、耐热的食品级生物塑料，可以说是增材制造的理想材料。

3.5.5.2 食用材料

食品原料是指烹饪食物前所需的一些东西。食品原料包含的东西很多，包括巧克力汁、面糊、奶酪、糖、水、酒精等。

大家普遍认为使用增材制造技术制作食物的方法非常简单，但是人们也非常担忧增材制造机所用材料的安全性问题。其实3D食物打印机与使用FDM技术的增材制造机一样，也是通过逐层叠加完成打印任务，不同的是喷头喷出的不是PLA或ABS等材料，而是可以食用的材料，因此使用这种食品制备工艺可以说是绝对安全的。专家对制作食物的增材制造机未来的设想是从藻类、昆虫、草等中提取人类所需的蛋白质等材料，用3D食物打印机制作出更营养、更健康的食物。

传统的烹饪工艺需要我们对原材料进行多道工序的加工，费时费力，其复杂程度让很多人止步于厨房。使用3D食物打印机制作食物可以大幅缩减从原材料到成品的环节，从而避免食物加工、运输、包装过程中的不利影响。厨师还可借助食物打印机发挥创造力，研制个性菜品，满足挑剔食客的口味需求。而且液化的原材料能很好地保存，可以高效地利用厨房空间。还可以使用3D模型工具设计自己喜欢的糕点模具形状，然后再用增材制造设备打印出来，随时创造自己喜欢的糕点样式。

3.5.5.3 生物细胞材料

生物细胞来源于生物体，因此在生物体内的生物兼容性十分优异，在器官克隆方面有着其他材料无法代替的优势。生物细胞打印出的生物器官可直接用于机体，因此在医学领域的应用有着很好的前景。但是由于生物细胞的培养环境比较严苛，作为实际打印材料仍存在一定的难度，还需要进一步的处理，以适应打印过程中的随机环境。细胞的体外鉴别、分离、纯化、扩增、分化和培养每个方面对最终打印效果都有一定的影响。

增材制造相比于传统的制造业技术而言，成本是最大的壁垒，但是在医学的领域里，由于每一个人的身体构造是不一样的，生病的情况也因人而异，即使是同一个部位的肢体残疾，残疾的位置以及严重程度也都是不一样的，因此增材制造定制化的产品的优势在医学领域可以得到集中体现。目前，由于医疗水平有限，一些器官修复手术的质量和效果还存在不确定性。器官修复遇到了一些瓶颈问题，例如术前目测设计不够精确，缺乏科学性、规范性，带有盲目性，风险等级高等；供区损伤大；再造外观不理想；再造功能不满意。

现在可以将生物细胞用作增材制造材料，打印出人的耳朵模型、鼻子模型、大腿骨头模型等。今后，生物增材制造技术也许可以打印出人的肝脏、肾脏，并能植入人体。现在打印的肝脏组织能存活4个月。最小组成单位肝小叶、脂肪组织、胰岛组织等，已实现细脆层面的打印复制，与人的肝脏、胰岛等高度类似，虽然离器官移植还存在一定距离，但可以用在医药行业的药物试验上，大大降低研发药品的实验成本。

3.5.5.4 硅胶材料

硅胶材料可分为有机硅胶和无机硅胶两大类。有机硅胶是一种有机硅化合物，是指含有Si—C键且至少有一个有机基是直接与硅原子相连的化合物，习惯上也常把那些通过氧、硫、氮等使有机基与硅原子相连接的化合物当作有机硅化合物。无机硅胶是一种高活性吸附材料，它属于非晶态物质，其化学分子式为 $m\mathrm{SiO_2} \cdot n\mathrm{H_2O}$。它是一种不溶于水及任何溶剂、无毒无味、化学性质稳定的物质，除了能和强碱、氢氟酸反应外不与任何物质发生反应。硅胶的化学组分和物理结构，决定了它具有许多其他同类材料难以取代的特点，比如吸附性能高、热稳定性好、化学性质稳定、有较高的机械强度等。

有机硅胶不仅作为航空航天、尖端技术、军事国防部门的特种材料使用，而且也用于国民经济的各个行业，其应用范围已扩展到建筑、电子电气、纺织、汽车、机械、皮革造纸、化工轻工、金属和油漆、医药医疗等领域。由于硅胶的性能极好且成本很低，因此硅胶成为增材制造材料中又一重要成员。

3.5.5.5 人造骨粉材料

人造骨粉材料具有良好的生物活性和生物相容性。当人造骨粉材料的尺寸达到纳米级时将表现出一系列的独特性能，如具有较高的降解和可吸收性。超细人造骨粉颗粒对多种癌细胞的生长具有抑制作用，而对正常细胞无影响。因此纳米人造骨粉材料的制备方法及应用研究已成为生物医学领域中一个非常重要的课题，引起了国内外学者的广泛关注。人工骨粉的合成，基本解决了困扰半个世纪之久的骨源缺乏问题，根治了传统骨质瓷原料处理带来的环境巨大污染问题，实现了骨质瓷原料的标准化系列供应。

由于人造骨粉的稳定性好，具有可塑性且安全无毒，已应用于隆鼻手术以及义齿制作中。现阶段，将人造骨粉材料用于增材制造骨骼，成为了研究人员研发的重点。加拿大的研究人员正在研发“骨骼打印机”，利用增材制造技术，将人造骨粉转变成精密的骨骼组织。骨骼打印机使用的材料，是一种类似水泥的人造粉末薄膜，属于人造骨粉的一种。打印机将骨粉平铺在操作台上，然后在骨粉制作的薄膜上喷洒一种酸性药剂，使薄膜变得坚硬；这个过程不断重复，形成一层又一层的粉质薄膜，最后精密的“骨骼组织”就被创建出来了。

3.6 增材制造材料的发展趋势

现今，已经有300多种适用于增材制造的材料问世，同时还不断有新的增材制造材料被研发出来，增材制造的应用前景部分依赖于增材制造材料的研发以及其市场化推广。通过增材制造技术可以降低产品生产周期，进而提高制造过程的经济效益，优化原材料和能源的使用效率，是一种环保高效、适合社会和大众需求的高科技手段。增材制造技术不断刷新人们对传统制造业的认识，潜移默化地改变着人们的生产生活，今后，增材制造技术将会更加多元化，更能够适应市场的需求，越来越多的智能化材料将逐步取代传统增材制造材料，成品精度也会有较大幅度的提高。增材制造材料有如下三方面的发展趋势：

（1）高性能金属粉末材料取代塑料和树脂，成为最主要的增材制造材料

增材制造材料中以金属粉末的应用市场最为广阔，因此，直接用金属粉末烧结、熔凝成型三维零件是快速成型制造的终极目标之一。而随着增材制造技术的成熟，金属材料的形态可能会越来越丰富，如粉状、丝状、带状。金属材料将在生物医学、航空航天等领域具有广阔的应用前景。

根据不同的用途，金属材料制备的工件要求强度高、耐腐蚀、耐高温、密度小、具有良好的可烧结性等。同时，还要求材料无毒、环保，并且性能要稳定，能够满足打印机持续可靠运行。使用者对材料提出的功能要求越来越丰富，例如现在已对部分材料提出了导电、水溶、耐磨等要求。

（2）增材制造材料的成本不断下降

不但材料的使用性能、工艺性能要好，最重要的是其经济性要好，简单地说就是成本低，客户用得起。否则，很难在市场上大规模推广及应用。

原材料价格降低的途径只能是关键技术的突破，但这方面难度比较大，在一些特殊领域要求非常高。比如在医学应用领域，无毒无害的同时还要做到生物相容性等，技术要求非常复杂，金属粉末的制备技术，即独特的雾化工艺和雾化制粉设备也都是难点，没有大量的研发攻关很难解决。

（3）增材制造材料的国产化

目前材料价格高的主要原因是国外专利技术的垄断。随着我国高端制造业的升级发展，国产化将会成为趋势，随之带来的首要变化必将是材料企业向技术含量更高、产品附加值更高的方向发展。目前国产高端材料在一定的领域已经取得了相当的成绩。钛合金和 M100 钢的增材制造技术，已被广泛用于歼-15 的主承力部分，包括前起落架支架中的部分零件。

在当今社会，不断发展的增材制造技术正逐步与互联网、物联网、物流网等产业紧密融合。增材制造材料的发展促进了增材制造技术的进步，越来越能满足人们对生产生活的需求。通过这种新兴的生产方式，将会刷新人类社会的制造观念，打破传统的制造格局，给人类社会的发展注入新鲜的血液。相信在不久的将来，增材制造材料将更加多元化，满足增材制造技术的发展和市场的需求。我国虽然在增材制造材料和打印技术领域起步较晚，但是通过相关科研单位的不断努力，我国在增材制造领域的发展会越来越好，更多的增材制造材料会贴上自主研发的标签，进一步促进我国增材制造市场的发展，让增材制造产品走进千家万户。

第 4 章　FDM增材制造装备

【学习目标】 ① 了解 FDM 3D 打印机的结构及功能特点；
② 认识 FDM 打印机的传动机构，熟记其传动特点；
③ 掌握 3D 打印设备控制系统流程；
④ 分析 3D 打印设备的控制原理及精度影响因素。

4.1　工业级打印设备与桌面级打印设备的区别

从应用领域的范畴上看，工业级 3D 打印机的应用领域较为广泛，在航空航天、汽车、医疗、电子产品等诸多行业都有它的身影。工业级 3D 打印机成型的耳机、齿科产品等已进入批量化生产阶段。桌面级 3D 打印机通常用于打印较小的物件，多用于工业设计、教育、动漫、考古、灯饰等行业。如今，许多桌面级 3D 打印机也扩展到了口腔医疗行业，应用于齿科数字化生产流程，已成为数字化医疗模式中的关键技术装备。

桌面级 3D 打印机偏向于个性化定制产品，例如应用于牙科的桌面级 3D 打印机，主要是在小批量的生产中使用。而工业级 3D 打印机大多应用在工业大批量生产上。例如，3D 打印的汽车零部件等，工业级 3D 打印机能快速地打印出数十个具备设计感与使用功能的产品；在速度和精度上，优于传统加工制作方法。

从工艺参数上看，工业机和桌面机差别并不大。目前市场上大多数桌面级 3D 打印机均基于熔融沉积建模（FDM）技术，它们与高端工业级 3D 打印机的成型原理相似，都是基于材料挤出和熔融热塑性塑料通过喷嘴的逐层沉积实现模型的制造，虽然二者工艺参数类似，但是功能参数方面有所不同，如表 4.1 所示。

表 4.1　台式 FDM 打印机和工业 FDM 打印机的区别

类目	工业级 3D 打印机	桌面级 3D 打印机
标准精度	±0.15%（最小差值±0.2mm）	±1%（最小差值±1.0mm）
经典层厚	0.18～0.5mm	0.1～0.25mm
最小壁厚	1mm	0.8～1mm
最大构建尺寸	900mm×600mm×900mm	200mm×200mm×200mm
常规 3D 打印材料	ABS/PC/ULTEM	PLA/ABS/PETG
支撑材料	水溶性	与打印材料相同

4.2 FDM 3D 打印机的基本类型

4.2.1 FDM 设备的基本组成

熔融挤出成型（FDM）工艺的成型材料一般是热塑性材料，如蜡、ABS、PC、尼龙等，常使用丝状材料（也有粒状和粉状材料）。材料在喷头内被加热熔化，喷头沿零件截面轮廓和填充轨迹运动，同时将熔化的材料挤出，然后材料迅速固化，并与周围的材料黏结。这种工艺不用激光，使用、维护简单，成本较低。由于这种显著特点，该工艺发展极为迅速，目前 FDM 系统在全球快速成型系统中的份额大约为 30%。

FDM 3D 打印机虽然具有多种结构形式，但其基本原理及功能部件十分相似。通常 FDM 设备由六大系统构成，分别为工作平台系统、热端、冷端、控制系统、运动系统和储丝系统。

① 工作平台系统：工作平台系统的主要作用是承载打印件。工作平台系统主要由网板、热床和平台支架构成。上面一层是网板，模型在网板上进行打印；中间一层是热床，功能是加热网板；下面一层为支架，用于支撑上面的两个板。

② 热端：热端主要由喉管、铝块、加热棒、温度传感器和喷头构成，其主要功能是加热材料。加热棒与温度传感器配合，使整个热端的温度保持在设定值；线材经过喉管到达喷头后融化，融化后从喷头挤出。

③ 冷端：冷端主要由挤出机构成，其主要功能是将线材挤入热端中。挤出机的端口安装了齿轮，可以将线材不断地挤入。

④ 控制系统：控制系统是打印机的大脑，用来控制打印机进行打印。

⑤ 运动系统：运动系统的主要功能是控制喷头和网板的相对移动，使 3D 打印机工作时可以多轴联动，主要由导轨、皮带、电动机和限位开关组成。

⑥ 储丝系统：由送丝卷或料盘组成。若没有料盘支架，线材不能连续顺畅地输送到挤出机。

4.2.2 FDM 设备的结构特点

就桌面级和工业级 FDM 3D 打印机而言，FDM 的最小分辨率由打印挤出口的大小决定，基本都在 0.3～0.6mm 之间，层厚由 Z 轴决定。桌面级 3D 打印机多用步进电动机驱动，工业级 3D 打印机则采用伺服电动机驱动，在实际打印过程中可有效避免失步和精度损失问题。下面以精度、材料和生产能力三方面对其使用特点进行分析。

（1）精度

成型零件的精度取决于 3D 打印机机械、控制精度和模型的复杂程度。通常，工业级 3D 打印机生产的零件比桌面级 3D 打印机精度更高，这是因为在打印过程中对工艺参数的控制更加严格。工业级设备在每次打印之前都要运行校准算法，最大限度地减少熔融塑料快速冷却过程对零件精度的影响，并且可以在更高的打印温度下运行，且支持双喷头挤出模式，因此可以熔融沉积水溶性支撑材料。该类材料在后处理过程中可以溶解于水，以便去除支撑并产生光滑的零件表面，拥有该技术的机型往往更容易成型结构复杂的零件。另外，桌面级 3D 打印机也逐步增加了软件功能和硬件配置，目前市场上已经出现了支持这些高级功能（例如校准算法、加热室、更高的打印温度和双重挤出）的桌面级 3D 打印机。经过校准的桌面级 3D 打印机也可以生产相当高尺寸精度（通常公差为±0.5mm）的零件，基本能够满足大多数日常应用场合的需要。

(2) 材料

桌面级3D打印机最常用的是PLA、ABS等高分子材料。PLA易于打印，并且可以生产具有更精细细节的零件。当需要更高的强度、延展性和热稳定性时，通常使用ABS材料。ABS打印件容易发生翘曲现象（由于该材料在温度降低时会产生较大的收缩导致翘曲），并且使用该材料打印的零件精度较低，在精度要求较高的场合无法使用。PETG是另一种日益流行的替代材料，它的材料特性可与ABS媲美，并且易于打印。这三种材料适用于大多数FDM 3D打印机，可以用于制造符合设计外形、装配和功能的零件的小批量生产。工业级3D打印机主要使用ABS、PC或ULTEM材料，这些材料通常混有提升性能的添加剂，使其特别适合某些特殊工业需求（例如，高冲击强度、热稳定性、耐化学性和生物相容性）。工业3D打印中部分材料制作的零件具有与注塑成型零件相近的性能，并且也能够满足制造零件的功能性要求。具备耐高温性能的材料适合用于低倍注塑成型的模具打印。

(3) 生产能力

桌面级和工业级3D打印机之间的主要区别在于相关的成本和生产能力。桌面级3D打印机的日益普及极大地降低了FDM设备以及耗材的成本。工业级3D打印机的生产能力通常大于桌面级3D打印机，工业级3D打印机具有较大的打印平台，可以一次打印更大的零件，也可以同时打印更多模型。两种级别的3D打印机最小特征尺寸受喷嘴直径和层厚度的限制，材料沉积成型使得无法生成几何尺寸小于层高（通常0.1～0.2mm）的垂直特征（沿Z方向），相对较高的层厚度也会引入“阶梯”效应（也称“台阶”效应）。此外，FDM设备不能挤出小于喷嘴直径（通常为0.4～0.5mm）的材料（在XY平面上），并且打印厚度必须至少大于喷嘴直径（即0.8～1.2mm）的2～3倍。当需要光滑的表面和非常精细的特征时，需要进行后处理（例如喷砂、机械加工等）来提高表面精度，因此此类情况更适合采用其他3D打印技术（例如SLA或SLS）。

对于要求外形尺寸公差小于1mm的设计、具有特定材料特性（耐热或耐化学性）或较大制造尺寸（大于200mm×200mm×200mm）的工程材料，工业级FDM 3D打印机是最佳的解决方案，但零件大批量制造成本相对较高。桌面级3D打印机适用于原型设计和小批量生产要求，并以低成本提供多种材料快速成型制造。通常，±1%的公差范围足以满足大多数装配和原型应用的场合。

4.2.3 FDM打印机结构的基本类型

FDM打印机是当前市场上最受欢迎的打印机，2021年大约占所有3D打印设备销量的60%。FDM打印机通过熔融沉积快速成型，主要材料是ABS、PLA、PA等；优点是价格较低，无毒无污染且实用性强，缺点是精度较低，打印速度慢，表面光洁度差。总的来说，以FDM工艺为基础的3D打印设备已经跨越了粗放型增长模式，在商业化和智能化方面快速提升；专业设备逐渐重视人性化和易用性，更贴近实际使用环境。

FDM 3D打印机根据其结构特点可以细分为以下4个类别，分别是：

(1) Prusa I3结构

Prusa I3最突出的特点就是结构紧凑，成本较低，零件装配精度要求不高。其主体为一个矩形龙门架，负责打印头Z轴与X轴方向的移动；另一部分为打印平台，同时也负责着Y轴方向的移动（图4.1）。由于打印平台需要在Y轴方向上进行移动，导致了I3结构空间

图 4.1　Prusa I3 打印机

利用率不高，而且在打印过程中喷头和送丝机构花轴惯性较大，影响了打印速度和精度。

（2）Printbot 悬臂结构

如果去掉 I3 中的一个 Z 轴，就得到了 Printbot 的悬臂结构（图 4.2）。这是一种最简单的 3D 打印机结构，能实现基本的打印功能，但是仍然不能解决 I3 的缺点，同时还在稳定性、平台调平等方面存在若干问题，一般适用于对精度要求不高的场合。

（3）Makerbot 双喷头结构

Makerbot 是当前广泛流行的 FDM 3D 打印机。与 I3 结构不同的是，其打印平台需要通过丝杆沿 Z 轴上下移动，两个电动机通过同步带分别控制打印头的 X、Y 方向运动，这种运动结构被称作 MB 结构（图 4.3）。MB 结构解决了 I3 结构打印平台大范围移动的痛点，打印速度、精度也有所提高，但还是存在一些问题。如 MB 结构的 X 轴电动机只负责驱动打印头沿 X 轴方向移动，而 Y 轴电动机需要带着喷头和整个 X 轴结构运动，导致 Y 轴惯性较大，同时 X、Y 两轴负载相差较大，难以实现高精、高速打印。MB 结构比较适用于双（多）喷头打印，这增大了打印制品后处理过程的便捷性。

图 4.2　Printbot 3D 打印机

图 4.3　Makerbot 3D 打印机

（4）Hbot 和 CoreXY 结构

Hbot 和 CoreXY 是两种类似的 3D 打印机结构（图 4.4）。与 MB 和 I3 的单个电动机控制单个方向不同，这两种结构的运转方式是通过 X、Y 轴电动机的协同运作，让打印头在各个方向上进行移动，所以又称为双臂并联结构。Hbot 与 CoreXY 的主要区别是滑块的安装和皮带的缠绕方式不同。该结构 3D 打印机电动机的位置始终固定，一般也都是远程送料，所以运动部分惯性很小，可以做到比较高的打印速度和精度。就像上面说的那样，双臂并联结构 X、Y 轴全部使用皮带传动，而且皮带的长度也比较长，整体精度受皮带弹性形变的影响较大，所以需要选用更粗、更宽的皮带，日常使用时也要注意维护。

（5）Delta 三角洲结构

得益于并联臂结构的快速发展，三臂并联结构也被广泛用于3D打印系统。这种3D打印结构被称作Delta或Kossel结构，如图4.5所示。相较于其他3D打印设备，三角洲结构占地面积更小，传动效率更高，打印速度更快。虽然三角洲的占地面积较小，但是由于Z轴需要给三个并联臂留出移动空间，导致其Z轴空间利用率不高，同时三角洲结构的机器调平较为困难。

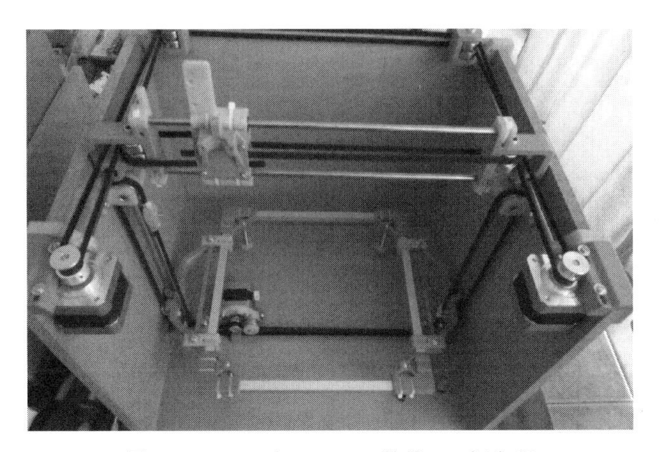

图4.4　Hbot和CoreXY结构3D打印机

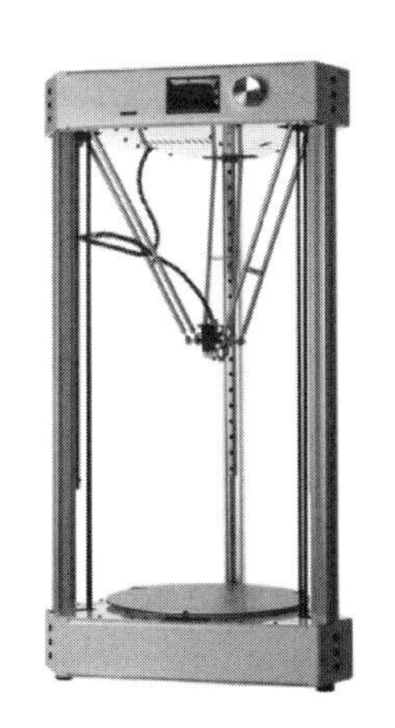

图4.5　三角洲3D打印机

（6）Ultimaker 结构

Ultimaker结构是Ultimaker打印机特有的机械结构，简称UM结构（图4.6）。UM结构使用两个电动机独立驱动X、Y轴的运动，两根光轴十字交叉的传动方式，使得X、Y轴的负荷完全相同。UM结构的主要运动部分只有两根光轴和一个喷头，高速运动时惯性较小，配合远程送料可以做到较高的速度和精度。缺点就是其结构较为复杂，组装精度要求高，成本也比较高。

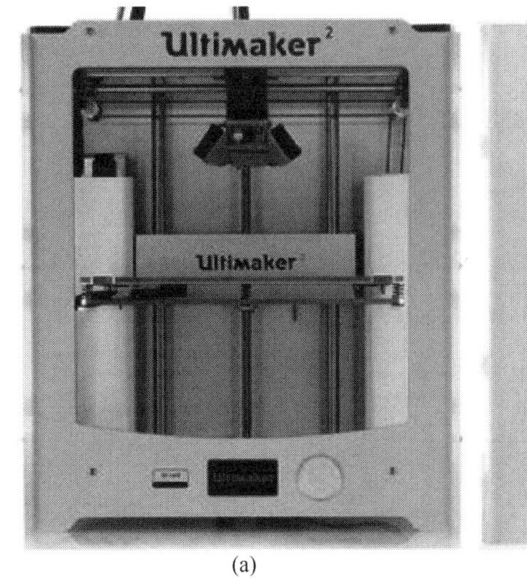

(a)

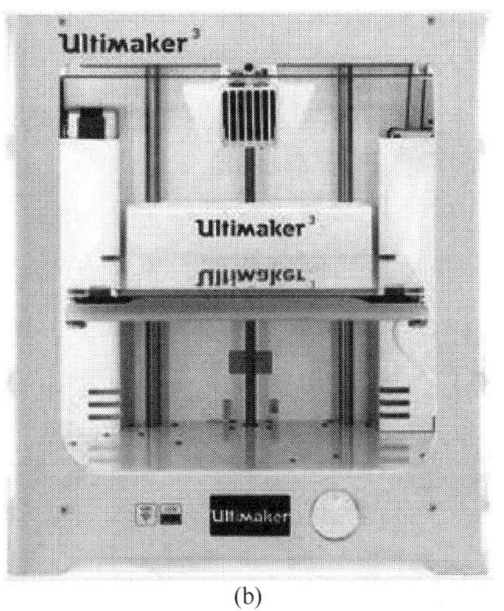

(b)

图4.6　UM结构3D打印机

(7) SCARA 机械臂结构

SCARA（图 4.7）是选择顺应性装配机器人臂（selective compliant assembly robot arm）的简称，是一种圆柱坐标型的特殊工业机器人，一般应用在做重复性工作的装配流水线上。由于其结构特点，现阶段也被部分用于 3D 打印设备。打印过程中，该机器人的手臂沿 X、Y 平面移动，并使用一个额外的驱动器沿 Z 轴方向移动。SCARA 3D 打印机械臂灵活度高，但控制系统较为复杂，机械臂刚度对打印精度的影响较大。

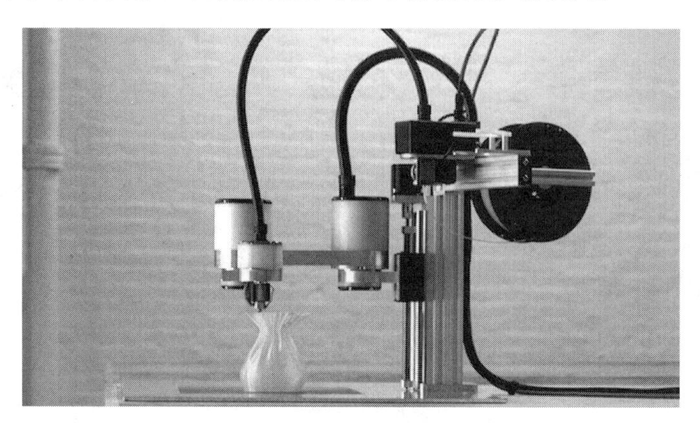

图 4.7　SCARA 机械臂结构

4.3　FDM 设备的传动机构

4.3.1　打印设备对传动系统的基本要求

3D 打印设备中的传动系统主要包括支承、运动、执行机构等，与其他机械系统相比，其特点是：

① 高精度。由于机电一体化产品在技术性能、工艺水平、功能上都要比普通的机械产品要求高，因此对机械系统的精度提出了更高的要求。

② 快速响应。机电一体化系统中既有高速的信息处理单元，也有慢速的机械单元，若希望提高整体速度，就要求机械部分有更高的响应速度。

③ 良好的稳定性，抗干扰能力强，环境适应性好。

4.3.2　螺旋传动的基本原理

FDM 3D 打印机多使用丝杆螺母传动方式移动喷头或平台，这种传动方式和虎钳、螺旋测微器、螺旋千斤顶的原理相似，其中的传动机构就是螺旋传动（图 4.8）。

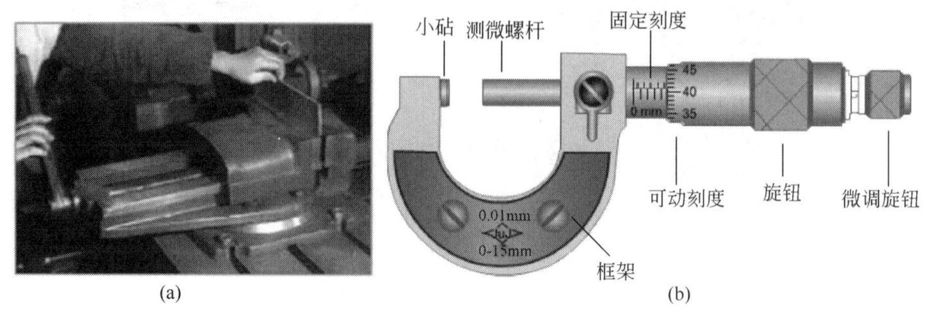

图 4.8　虎钳与螺旋测微器

虽然螺旋传动原理相似，但由于螺纹的牙型不同，因此应用的场合也有所区别，不同牙形螺旋传动的应用场景也有所不同。

在3D打印设备的传动机构中，多采用矩形及梯形螺纹。螺纹传动的主要参数包括：

① 螺距：相邻两条螺纹对应两点之间的距离（图4.9）。

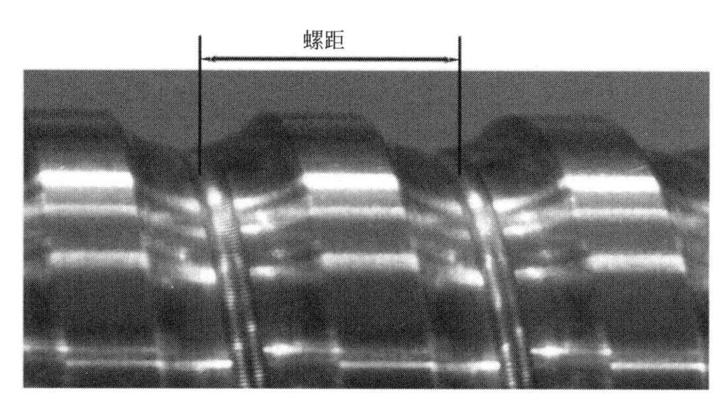

图4.9　螺距的含义

② 导程：丝杠旋转一周在轴线方向上前进的距离（图4.10）。

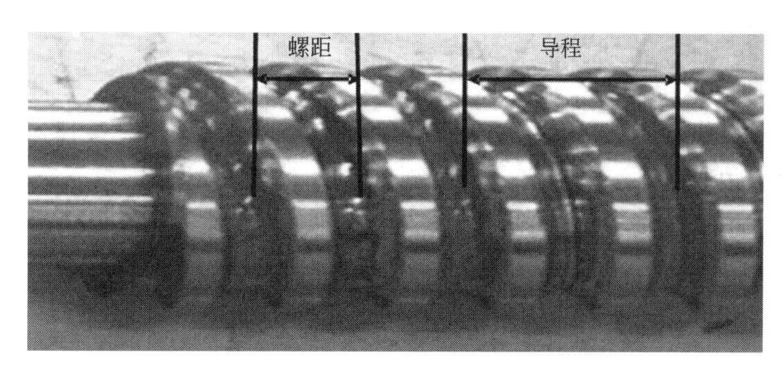

图4.10　导程示意图

③ 线数：螺纹线数是指形成螺纹时螺旋线的条数。沿一条螺旋线形成的螺纹为单线螺纹；沿两条或两条以上、在轴向等距离分布的螺旋线形成的螺纹，为多线螺纹。

④ 螺旋升角：在中径圆柱面上螺旋线的切线与垂直于螺旋线轴线的平面的夹角。

其中，导程和螺距相等的螺纹称为单线（单头）螺纹，对于多线螺纹，螺距＝导程/线数。

4.3.3　丝杠螺母机构的分类及特点

丝杠螺母机构主要由丝杠、丝杠螺母与减磨介质或滚动体组成，实现旋转运动与直线运动之间相互转换或调整，用于机构之间能量和运动形式的传递。丝杠螺母机构按照所传动的力和运动的特点可以分为传力螺纹、传动螺纹和调整螺纹三类。

① 传递力/能量为主（传力螺纹），主要包括千斤顶、压力机等，适用于低速、间歇工作、传递轴向力大、需要自锁等的应用场合。

② 传递运动为主（传动螺纹），主要应用于机床工作台的进给丝杠以及精密仪器的传动机构。其特点为速度高、需要连续工作、传动精度高。

③ 调整螺纹，主要应用于虎钳、螺旋测微器等。其特点是受力较小且不经常旋转。

思考 3D打印机的螺旋传动机构主要功能是什么？

丝杠螺母机构按其传动过程的摩擦方式可分为滑动丝杠螺母传动和滚珠丝杠螺母传动。

① 滑动丝杠螺母机构：主要用于机构之间能量的传递和运动形式的传递。其特点为结构简单、加工方便、成本较低。传动过程中具有自锁功能，但是摩擦阻力较大，传动效率低（30%～40%）。其结构如图4.11所示。

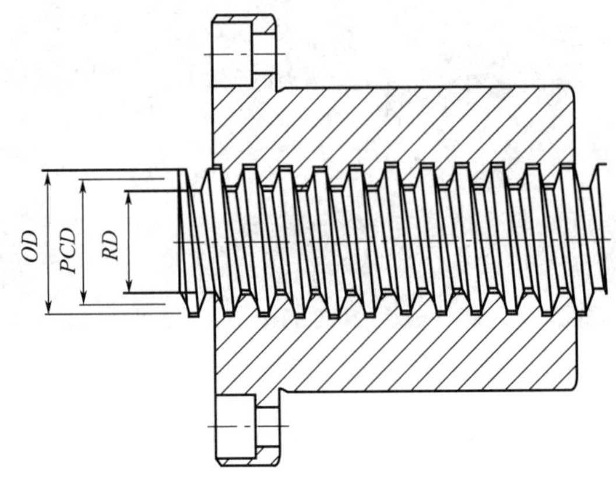

图4.11 滑动丝杠螺母机构

OD—丝杠齿顶圆直径；*PCD*—丝杠节圆直径；*RD*—丝杠齿根圆直径

② 滚动丝杠螺母机构：与滑动丝杠螺母机构相比，滚动丝杠摩擦阻力小、传动效率高（92%～98%）、传动间隙小、精度高。但相对于滑动丝杠螺母结构较复杂、成本较高、没有自锁功能。其结构如图4.12所示。

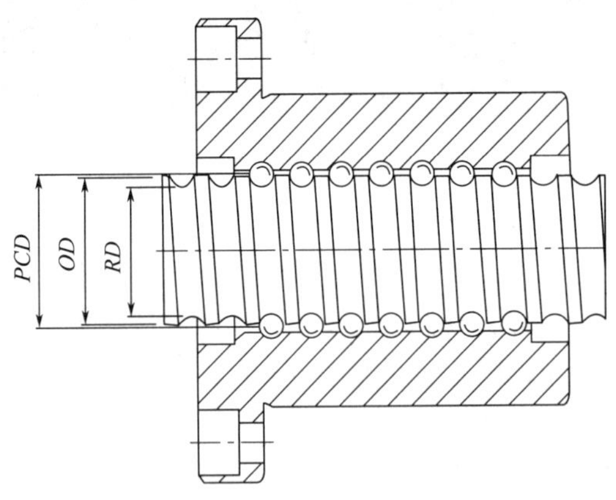

图4.12 滚动丝杠螺母机构

在丝杠螺母的传动过程中，需要丝杠与螺母之间有充足的润滑储油间隙、足够的热胀冷缩弹性补偿能力，对于滚珠丝杠还需要滚珠的回珠装置（内或外）。

4.4 FDM喷头及送丝机构

FDM喷头和送丝机构包括冷端和热端。冷端是3D打印机挤出器靠近送丝机构的部分。此时，热电耦没有加热。这只是电动机和齿轮的部分工作，将3D打印机的丝材推到热端。

冷端挤出机构通常由齿轮和调节螺栓组成，迫使丝材向下运动。热端是丝材从固体过渡到液体的部分，同时熔融沉积在工作台上。但是由于不同材料具有不同的熔点和物理属性，想要完美打印一个物体或者物体的某个部分时，冷端、热端和最终的熔融沉积过程的温度必须得到完美的控制。系统需要通过加热和散热的控制达到温度的平衡，将热量输送到喷嘴。大多数台式 3D 打印机以 0.4mm 的喷嘴为标准，但还有很多其他的喷嘴尺寸可供选择。通常用于 3D 打印机的喷嘴由黄铜制成，但也有不锈钢、铝合金等其他材料的。基本上，所有的挤出机都适用于 1.75mm 的线材料，包括 PLA、ABS、TPU 等。

3D 打印机的喷头装置是打印机最主要的执行部件（图 4.13），打印机成型精度的高低很大程度上取决于打印喷头装置的性能。在设计打印喷头组件结构时，需要考虑打印速度和送料效率这两个方面的因素。从打印速度方面考虑，打印喷头装置在设计过程中要轻量化。因为打印机在打印过程中，喷头部件处于一种高速往复的运动过程中，喷头组件整体质量过大，会产生较大的惯性，对打印机的成型精度有一定的影响。

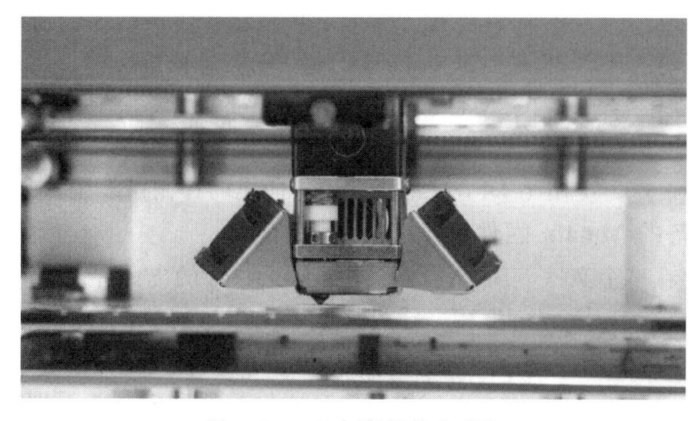

图 4.13　3D 打印机挤出喷头

FDM 打印机通常使用热塑性线材，通过滚筒从线轴中送入挤出喷头，加热至接近其熔化温度，然后通过挤压喷嘴以预先设定的层高进行分层熔融沉积制造。FDM 3D 打印喷头（挤出机）是 3D 打印机的重要组成部分，该打印机以液体或半液体形式喷射材料，以便其通过熔融沉积方式进行连续打印。从送料效率方面考虑，送料方式一般可分为远程送料和近程送料。当 3D 打印机远程送料时，狭窄复杂的喉管会对丝料产生一定的摩擦阻力，且材料本身具有轻微弹性作用，这些因素会使得挤出电动机对丝料的挤出和回抽作业控制比较困难，而远程送料可以减去电动机负载，实现打印喷头轻量高速运动；当采用近程送料方式时，挤出电动机可以轻松实现对丝料挤出、回抽的控制，从而提高打印精度。

某些 3D FDM 打印机，例如 Makerbot 配备了两个挤出机，可以在打印过程中同时使用两种材料，一方面可以获得两种颜色的 3D 打印实体；另一方面，也可以通过对支撑结构材料的选择使支撑结构能够快速完整地去除。双喷头挤出结构如图 4.14 所示。

图 4.14　双喷头挤出结构

4.5 FDM设备的开源控制系统

4.5.1 FDM设备控制系统概述

通过前面的介绍，针对FDM 3D打印机，其操作流程包括：首先将三维模型转为STL格式，然后将此文件导入软件Slic3R中，对3D打印较为熟悉的用户可以自定义设置合适的喷嘴直径、喷头和热床温度、打印速度、填充率、填充方式、裙摆圈数等各项参数；切片软件根据编写好的程序算法，将STL文件处理为G代码文件，此文件可以通过底层驱动程序直接控制打印机的各项运动。在3D打印过程中，G代码控制打印机的各个步进电动机执行具体运动操作，因此打印机根据接收到的G代码控制打印喷头按照文件设定的运动轨迹位移，直到完成整个打印环节形成实物。

其中将G代码转变成控制信号的过程是由3D打印主板中的固件完成的。FDM开源固件基于Aduino Mega2560主控，解析上位机指令并完成具体执行控制需求，是一个完整控制系统中位于最底层的代码集合。在3D打印技术发展的过程中，Sprinter和Marlin是现阶段开源3D打印系统的常用固件。Marlin固件与Sprinter相比，支持的结构类型更多，可以匹配市面上生产的主流控制板，而且不需要外置一个加载G代码解析程序的芯片，支持多喷头的打印机控制，广泛应用于DIY及部分商用打印机的控制系统中。

4.5.2 FDM设备的Marlin固件

Marlin固件存在多个文件，用以匹配不同类型控制板的电路结构，其中定义内容主要存在于其配置文件Configuration. h中，通过修改定义语句前端注释和后缀的类型序号，可以对指向文件夹中的不同源文件进行语句解读，完成打印机主控板的适配过程。通过改写此文件内容，基本能够解决基于Mega2560的3D打印机的运动控制、温度控制和软限位控制等功能需求。

基于Mega2560的控制系统基本由接收、分析和执行三个环节组成。G代码组成的文件一般会由上位机或Web界面传输到打印机的控制板中。G代码指令包括四种，延时的G命令、即时的G命令、即时的M和T命令。它们以命令接收以后响应处理时间与状态的不同作为区分，当指令接收后被放入程序循环之中，控制芯片对即时命令执行以后给出应答，对延时命令则在放入队列以后立刻给出应答。芯片中的程序在上电后会产生一个循环队列，接收到命令以后会将其放入循环队列后再执行，以提高命令处理速度；在命令处理中，实现了命令无间断执行，不会出现打印断点；如果接收到可以缓存的命令，就会将其存储到芯片的特定位置，给出应答；如果存储不成功，或者还未进行存储，就没有应答信号出现，直至存储成功才会给出应答。FDM设备控制系统结构如图4.15所示。

4.5.3 3D打印控制系统流程

在3D打印机中，开机后，首先在setup（）函数中初始化单片机和各模块设置，并将3D打印机状态数据通过串口传输到上位机中；然后完成3D打印机查询功能，在loop（）函数中读取和解析G代码指令，并反复访问各模块状态；采用定时器中断功能控制X、Y、Z轴和挤出步进电动机运动及打印喷头热床加热，完成打印流程，如图4.16所示。

4.5.4 3D打印机执行元件

（1）步进电动机

X、Y、Z轴和耗材挤出部分均选用步进电动机进行驱动。此类电动机是一种直流电动

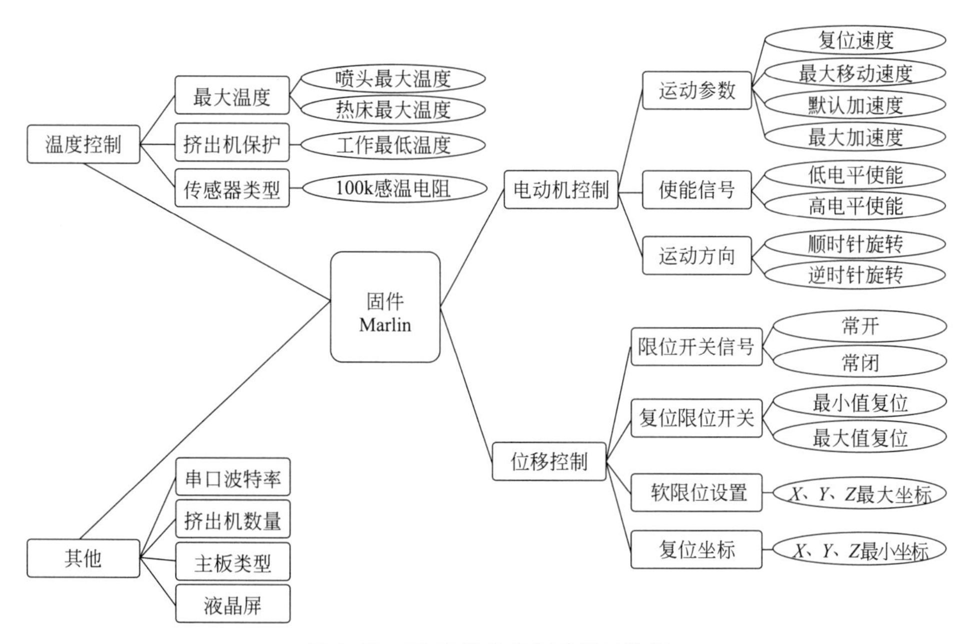

图 4.15　FDM 设备控制系统结构图

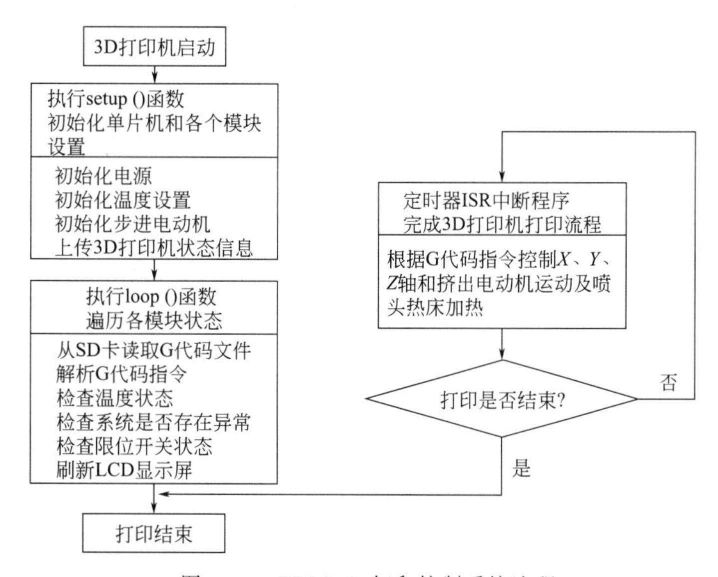

图 4.16　FDM 3D 打印控制系统流程

机，它的功能是实现对速度和位置的精确控制。步进电动机以固定的角度一步步地执行运动，组合起来就成为旋转状态。一般有两相、三相、四相和五相等基本类别，相数不同，会导致步距角的差异。步进电动机接收数字控制信号后，转化成与之对应的角度变化，促使轴的旋转位移变化。在此过程中，步进电动机的驱动器指定引脚从外界接收运动信号，通过采样电脉冲信号的发送个数，决定步进电动机的具体位移量。从步进电动机的设计原理角度分析可知，电动机的角位移量会随着控制器输出到电动机中的脉冲数量增加而增大，如果想要得到确定的转角位移、运动速度和运动方向，就需要对脉冲的数量和频率进行控制。

步进电动机是一种直流电机，其转速的大小影响其力矩的大小，即转速越小力矩越大。

在步进电动机空载运转过程中有最高启动频率的限制（即转速是有限的，不能无限增加），如果脉冲的瞬时值过高，且高于电动机本身的最高启动频率，则导致步进电动机丢步甚至堵转，从而致使电动机无法顺利运转。一般情况下，步进电动机的正常工作转速范围在10～500r/min左右。

步进电动机在3D打印机中应用较为普遍，需要根据打印机的成型尺寸，应用场景来确定步进电动机的型号，这对终端打印成品的质量起到至关重要的作用。综合以上考虑，对步进电动机的型号及参数如表4.2所示。

表4.2　42步进电机参数表

类型	参数
步进角	1.8°
步进角精度	±5%
温升	80℃
环境温度	－20～＋50℃
绝缘电阻	100MΩ,500V DC
电阻公差	±10%
电感公差	±20%
耐压	500V AC 1min
径向跳动	最大0.02mm
轴向跳动	最大0.08mm
最大径向力	28N
最大轴向力	10N

（2）驱动设备

步进电动机的驱动器选用的是A4988驱动板，这是一款价格较低、质量较好、使用简单、性能稳定的微步步进电动机驱动器，绝大多数桌面式3D打印机都会选择使用此类驱动器。A4988内置了译码器，外围供电电源模块为12V直流电源，在没有配备散热器的情况下，每相连续电流最好控制在1A范围内。电动机端连接四个端口即可接受驱动器的正常操控，接线时1A、1B、2A、2B的对应相序不同，通过改变相序，可以实现电动机在相同脉冲信号下产生不同方向的旋转。

使用A4988驱动板，可以避免普通步进电动机驱动器过多地占用打印机空间，实现驱动器控制板的精简整合。在程序中，根据步进电动机的步距角、同步轮齿数进行公式推演，得出速度、位移和脉冲频率、数量对应的具体参数，通过在不同电动机驱动器的step端口输入相应脉冲数量和频率，确定电动机带动平台或喷头的速度以及加速度，实现三轴以及挤出机的运动控制和喷头的熔融沉积控制，完成独立或协同作业。步进电动机的驱动电路原理图如图4.17所示。

（3）行程限位传感

使用步进电动机后，一般不会选择使用闭环控制，这样能够有效降低成本。与此同时，会出现行程距离控制不准确的问题，为避免这种情况的发生，在系统中设计了归零轨迹规划，在硬件丝杠结构末端选用机械或光电限位开关作为行程开关。在系统上电进行初始化以后，首先进行归零操作，即 X、Y、Z 三轴电动机旋转，通过丝杠或同步带传

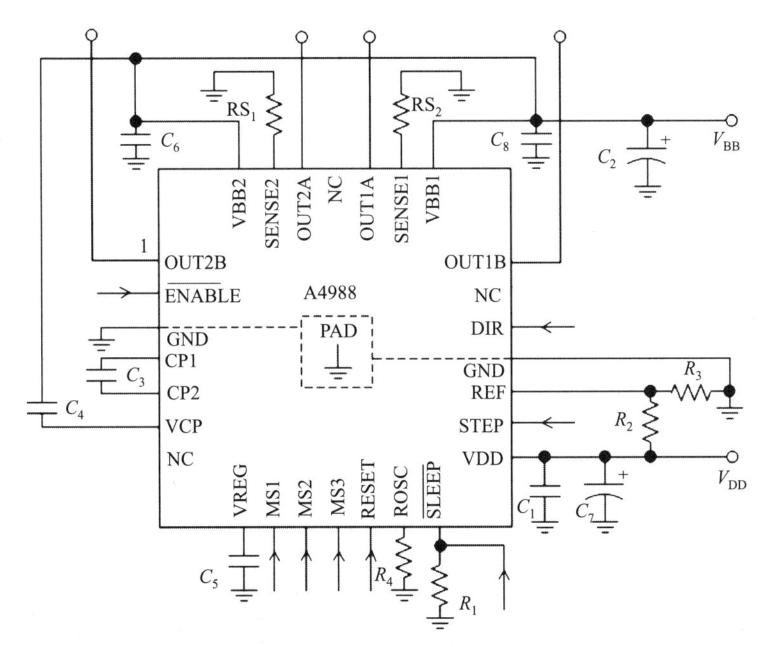

图 4.17　A4988 电路原理图

动，带动喷头向装有限位开关的方向运动，通常认定此时运动方向为负，触发限位开关后电动机停止运动，以此时挤出喷头的位置为坐标原点，系统中随即建立正确的 3D 打印坐标系，根据之前在系统中设定的打印平台的具体尺寸，设定软限位行程，确定在 X、Y、Z 三轴方向上的最大行程，然后与上位机切片软件中设定的打印机坐标系匹配后，就能控制打印过程。

限位开关选用机械式或光电式。将三个限位开关安装在 3D 打印机的三个轴的一端，通常为运动位移的出发点，参考机械零点和结构尺寸编写驱动程序，形成软限位来限定运动范围。光电式开关是将位移信号转变为光电信号，在运行过程中，触发限位时没有机械接触，靠一定距离的光路遮蔽传递开关量信号，但是光电开关成本较高，比机械开关占用空间多，而且会受到电压等级类型限制；机械式限位开关是一种受到机械力压碰后，内部实现接触通断的开关，结构简单、成本较低，作为 3D 打印机中的易耗品，便于采购更换，而且对供电电压要求较低，不易发生故障。

（4）加热与温控设备

为了实现对喷头加热和控温操作，在喷头处安装了电阻加热棒和温度传感器，对温度数据进行采集。通过对热床进行加热，确保耗材不会迅速冷却，达到各层之间能够准确贴合，实现正常打印、熔融沉积的目的，避免在打印过程中，由于平台温度较低使材料迅速冷却而出现翘曲变形现象。温度控制模块的主要工作就是采集喷头以及热床的实时温度信息，反馈到 Mega2560 的芯片中，在上位机中呈现出来。如果喷头或热床温度未达到指定温度，则单片机控制加热元器件继续加热喷头和热床；如果喷头温度过高，则单片机控制打开风扇降低喷头温度。

控温设计上，采用的是热敏电阻型温度传感器，常用型号为 KINGROON 的 100k 高温版 350℃热敏电阻温度传感器。此控温设计由两个热敏电阻组成，分别采集喷头和热床的温度信息。喷头部位的热敏电阻嵌入喷头处预留的孔位，此孔位距离耗材流道很近，便于准确检测实时温度。热敏电阻的阻值随温度变化而变化，其在电路中分得的电压也会随之改变，将电压信号通过ADC（模数转换）接口传递到Mega2560，系统对数据分析后便可得出此时加热部位的温度值。控制系统根据设定值与检测值的比对分析，得出下一步行动决策，以保证实际温度在预设值上下小范围浮动。

喷头加热器利用单头电热棒完成加热，热床则是依靠打印平台底部的电阻丝（膜）产生电阻热效应来加热。电热棒选择为低电压12V不锈钢耐高温单端加热棒，外壳内部为绝缘物氧化镁；中部为缠绕的镍铬耐热合金发热线；后端为镍线作为导线，嵌入到高密度绝缘密封材料中，与电缆连接。热床的加热元件是在铝板下方环绕布置热电阻丝或电热膜，可以选择12V和24V两种工作电压，适应多种打印工况；热床加热电阻丝的缠绕方式为回字形，保证了打印平台能够均匀受热，避免产生局部温差，导致挤出的耗材产生变形，影响打印效果和精度。加热头和热床如图4.18所示。

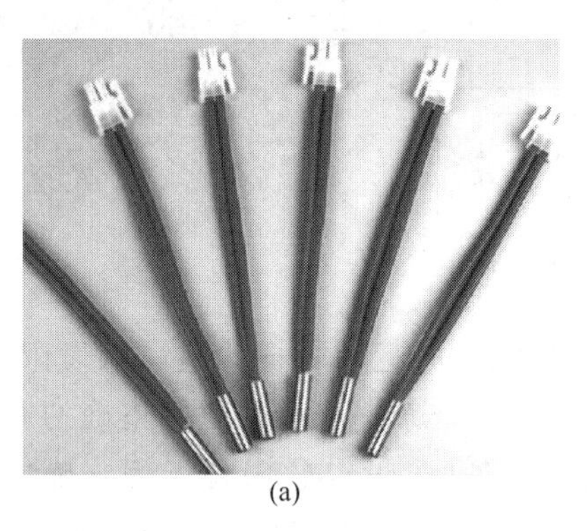
(a)

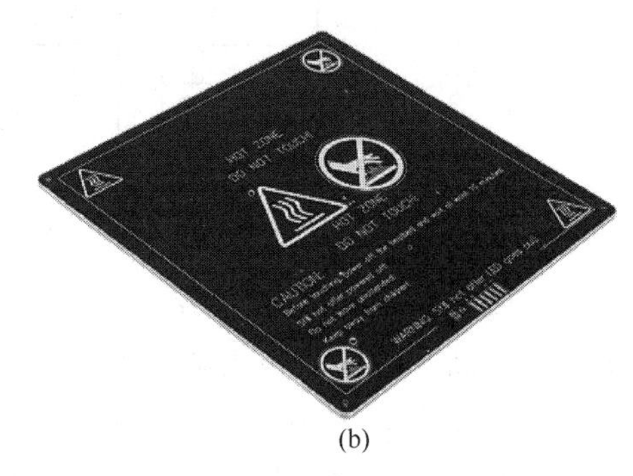

(b)

图4.18　加热头和热床

4.5.5　增材制造设备运动控制

嵌入式控制的固件程序Marlin可以实现从3D打印机G代码向控制策略的转换。系统G代码运行指令由切片软件分析获得，通过串口通信将G代码传入Marlin固件。使用G代码，可以方便地表达运动方式、速度、IO动作等，最终实现上位机对3D打印装置的系统控制。

程序执行时，首先会进行数据格式校验，对比设定值与传输接收值是否一致。如果信息存在不匹配现象，程序会反馈到上位机，要求上位机系统重新发送代码；如果校对信息匹配正确，程序将字符串中的关键信息提取出来并开始执行。

在建立通信过程中，常将波特率设定为115200，使用匹配的通信串口，在上位机与3D打印机之间建立通信通道，完成数据传输工作。将主控板类型指定为Mega2560＋Ramps1.4的结合板，由于温度传感器采用的是加热棒，根据阻值类型与阻值大小设定为147Ω（KINGROON 100k高温版350℃热敏电阻温度传感器），再根据42步进电动机（具体参数见表4.2）步数与细分数以及同步带与同步轮的具体参数进行计算，得出X、Y、Z、E四方位步进电动机在3D打印机运动控制的对应步进数。

步进电动机每一步的转动角度均由机械步距角和细分控制器共同决定。例如最常用的步进电动机，步距角为1.8°，细分数设置为16细分，同步带的参数为齿距2mm、齿数20，使用上述公式步进数＝360°×细分数/（1.8°×齿距×齿数）进行计算可得步进数为80步/mm。

在打印机的实际运动控制中，不仅需要有笛卡尔坐标系中运动最终点的坐标信息，还要有具体运动速度信息。在控制板上电后，程序完成初始化，打印开始阶段完成三轴归零操作，找到 X、Y、Z 的初始位置坐标零点，此后 G 代码中的运动信息都是以此零点为基点。其中，驱动系统通过使用步进电动机将脉冲信号转为具体位移，然后通过传动系统，将旋转位移变为直线位移。

设备上电运行后，需要从上位机传入 G 代码指令，来执行提高喷头与热床加温的动作，并打开控温风扇，温度传感器检测到设定温度后，会发回触发设定温度的信号，控制系统会解析 G 代码文件的后续指令，首先读取 G 字开头指令，辨别是直线还是圆形运动操作；随后识别 X、Y、Z、E 四个步进电动机信号，识取目标控制电动机；最后读取距离与速度数据，执行操作。在整机运动中可描述为，X、Y 两轴步进电动机带动同步带运转，完成一层物体切面的打印操作，具体路径以切片软件内的设定参数图形为基准；随后 Z 轴移动，进行下一层的打印操作；在此期间，E 电动机同步运动，依次循环，直至执行完毕所有的 G 代码指令。

整个打印过程中，温度传感器在持续工作，触发温度限制后，会执行控温操作，保证材料的熔融状态；成品完成后，X 轴和 Y 轴会执行归零操作，Z 轴不会发生移动，防止触碰到打印物品，造成机器与打印制品的损坏。

系统运动执行控制如图 4.19 所示。

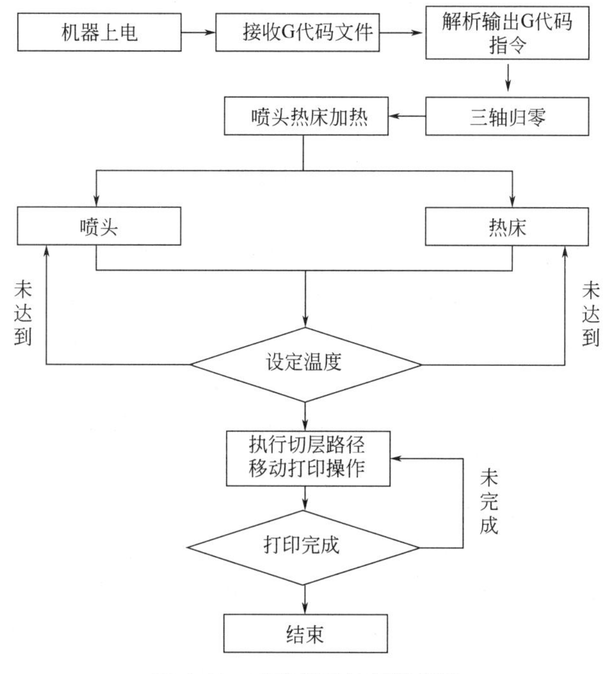

图 4.19　系统运动执行控制图

第5章 SLA/SLS增材制造装备

【学习目标】 ① 认识SLA/SLS 3D打印机的激光扫描系统；
② 了解SLA/SLS 3D打印机的结构及功能特点；
③ 掌握SLA/SLS 3D打印机的控制系统流程；
④ 分析SLA/SLS 3D打印设备的控制原理及精度影响因素。

FDM主要由丝杆、同步带等进行打印运动控制，成型精度相对较低、打印速度也比较慢，限制了其在精密制造领域的推广应用。SLA和SLS增材制造设备采用紫外和红外激光振镜控制固化或烧结区域，大幅提升了制造精度和速度，对于精度要求较高的场合具有更广阔的应用前景。

5.1 激光扫描系统

激光扫描系统是SLA及SLS 3D打印机中的关键子系统之一，负责完成光束的动态聚焦、静态调整等功能，所射出的激光要满足光斑质量要求。其光路系统设计与制造的质量直接影响激光扫描的精度以及光路调整维护的方便程度。经验表明，如果光路系统设计不合理，光路调整会是一件非常复杂的工作。同时，扫描系统的激光器以及其他关键器件（如振镜、反射镜和动态聚焦镜等）的性能需要较高的可靠性，该部分的设计主要包括光程设计、元器件的选用以及辅助配件的设计等。

5.1.1 激光振镜控制系统构成

三维动态扫描系统振镜可以用于固化或烧结成型过程光路系统控制。SLA和SLS成型技术的基本原理就是通过紫外或红外激光光源，利用振镜系统来控制激光光斑扫描，激光束在液态树脂或固态粉末表面勾画出物体的一层形状，然后制作平台下降（或上升）一定的距离（0.05～0.025mm之间），再刮平液面或者铺平粉末，继续烧结或固化下一层，如此反复，最终完成实体打印。

激光扫描系统中的振镜，又可以称为电流表计。它的设计思路完全继承了电流表的设计方法，镜片取代了表针，而探头的信号由－5～5V或－10～10V的直流信号取代，以完成预定的动作。激光振镜由定子、转子、检测传感器三部分组成。其中振镜头为动圈式（转子为线圈），其他的均为动磁式（转子为磁芯），所有的振镜头均采用永久磁铁作为磁芯，模拟振镜的检测传感器为电容式传感器，数字振镜为光栅尺式传感器。电容传感器是当电动机摆动时，检测传感器的电容量发生细小的变化，然后把这些电容的变化量转变为电信号，再反馈给控制器，从而进行闭环控制。光栅尺传感器则通过光栅尺测量实际偏转的角度，转换成电信号，反馈给控制器，进行闭环控制。目前常用的传感器有电容式和光电式，电容式传感器精度偏低，受热影响易产生漂移，光电传感器则很好地克服了这些问题，一般高速高精度振镜都采用光电式传感器。

5.1.2 激光振镜控制系统基本原理

输入一个位置信号，摆动电动机（激光振镜）就会按一定电压与角度的转换比例摆动一定角度。整个激光扫描过程采用闭环反馈控制，由位置传感器、误差放大器、功率放大器、位置区分器、电流积分器等五大控制电路共同作用实现。数字激光振镜的原理是在模拟激光振镜的原理基础上将模拟信号转换成数字信号。扫描激光振镜是打印机的核心部件，SLA/SLS 3D打印机的性能一定程度上取决于扫描激光振镜的性能。控制电路给出动作信号后，电动机转动，振镜发生偏转，同时需要对电动机的真实位置进行实时反馈，从而进行闭环控制，实现精确定位，如图5.1所示。

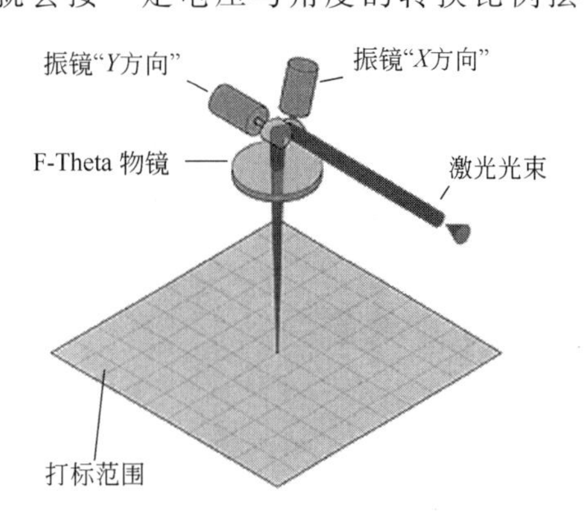

图5.1 激光振镜的原理

振镜后置扫描方式是扫描振镜典型的布置形式，即将振镜置于动态聚焦镜后面，如图5.2所示。

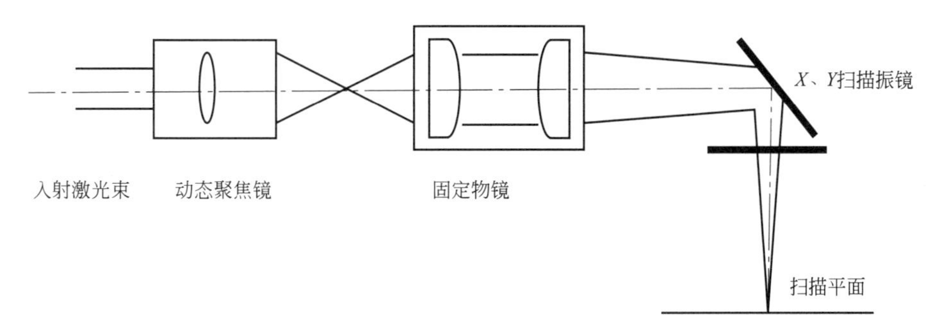

图5.2 振镜后置扫描方式及光学杠杆原理

因为振镜的工作角度范围比较窄，通常为［−20°，20°］，实现的扫描范围为±300mm（即600mm的最大扫描行程），为了获得较好的振镜扫描线性，考虑设备的总高度尺寸，振镜轴线距液面或粉末表面的垂直距离 H 应满足 $H \geqslant 300/\tan 20° = 824$（mm）。

5.2 SLA 3D打印设备

光固化快速成型按照所用光源的不同有紫外激光成型和普通紫外光成型两类，两者的区别是光的波长不同。紫外激光可由He-Cd、二极管泵浦Nd：YAG激光器产生，波长为355nm；对于普通紫外光，由低压汞灯产生的光有多种频谱，其中254nm的光谱可以用来固化成型。采用这两类光源的光固化成型机理不尽相同，前者通过激光束扫描树脂液面使其固化，后者利用紫外光照射液态树脂液面使其固化，确切地说两者的区别是一次固化的单元不同，前者以点线为单元，而后者以面为单元，但是两者都是基于层层堆积原理而形成三维实体模型的。

5.2.1 SLA 3D 打印机系统构成

光固化 3D 打印机虽然机械运动相对比较简单，但涉及到运动设计、光学设计、液体循环以及恒温控制等多方面的技术。光固化 3D 打印机对整体结构及功能的要求包括：高度集成化、自动化以及制造过程的智能化、柔性化。同时作为工业化的设备，在保证高质量、高可靠性、低成本制造制件的前提下，提供面向用户的易操作界面、维护向导以及尽量美观的外形。其外形如图 5.3 所示。

(a)

(b)

(c)

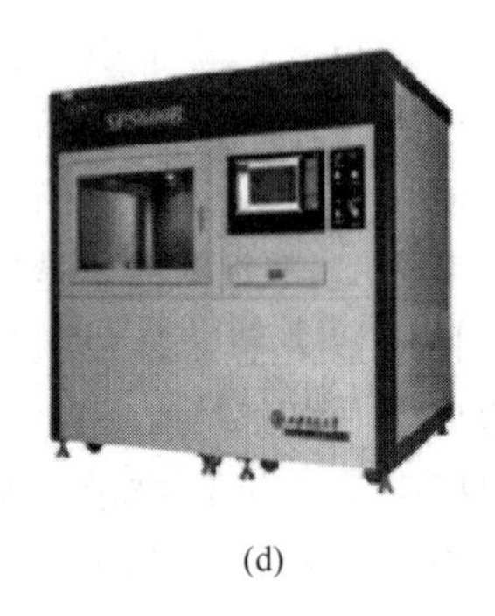

(d)

图 5.3 光固化 3D 打印机

光固化 3D 打印机的结构设计不同于一般的数控加工设备，集成化的结构特点要求整体结构紧凑，功能齐全。光固化 3D 打印机的原理如图 5.4 所示。

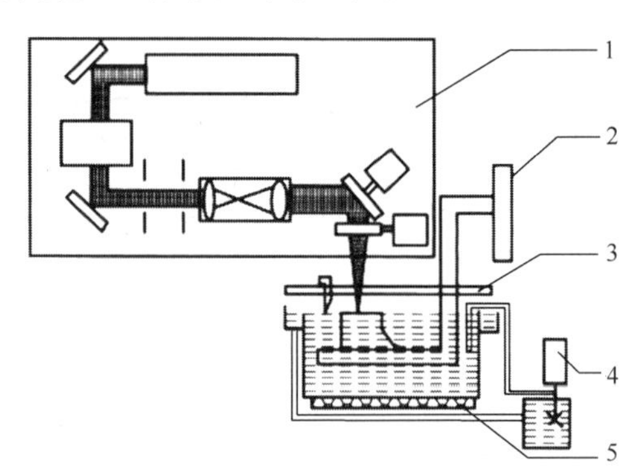

图 5.4 光固化 3D 打印机原理示意图

1—激光扫描系统；2—托板升降系统；3—刮平系统；4—树脂循环系统；5—温控系统

光固化 3D 打印机的总体结构一般具有如下特点。

① 采用组合式焊接框架结构，重量轻、刚度高。各部分相互之间的精度依靠装配精度保证，且各部分具有单独调整环节。机架由电气控制部分与成型室部分组成，两部分单独加工制造，可分开运输，安装使用时集成到一起，但通过隔板相互隔离，避免相互影响。机架底部安装有脚轮和调整螺钉，搬运时可用脚轮推动或者吊运，定位后用螺钉调整固定。

② 光学元件全部安装在一块基准板上，采用同一安装基准，保证光学元件之间的安装精度。整个扫描系统置于机架上方，相对独立，便于采取防水防尘防振等措施，基准板具有水平调整功能。在满足有效光程的基础上，这种布置可减小光程，便于调整及维护光路，并且结构紧凑，设备运输时可单独包装，安全方便。

③ 托板升降系统采用吊梁式结构、相对下托式结构，高度尺寸紧凑。托板升降系统运

动的导轨作为整机调整的基准。托板通过巧妙的结构固定在托架上，既方便快速拆卸又能起到紧固的作用。

④ 整机具有通风装置，可散热并排出树脂异味。

⑤ 整机外罩采用挂板式结构，便于拆卸，方便维护，并且使整体结构美观。

⑥ 所有与树脂直接接触的零件均采用不锈钢材料。

在总体设计中，针对 3D 打印系统的组成特点，采用了模块化的设计方法。为便于优化各子系统的设计，将每一功能子系统设计为结构上相对独立的模块，对每一子系统分别制定包括加工、装配、精度和性能检测在内的规范。对子系统和模块的具体要求包括：

① 各部分功能相对比较独立，但安装又要求较高的位置精度，如振镜转轴线到液面的距离精度、托板升降系统运动的垂直直线度、刮平运动与水平面的平行度等要求都较高。

② 力求减轻设备的重量，不宜采用铸造的机架，因此要特别考虑相互位置的精度保证。

③ 激光扫描系统的元件属于精密器件，激光器尺寸较大，要求防尘、防振，并且各元件安装精度要求高，同时要考虑光路的调整及维护方便。

④ 液态的树脂要求保证在恒温状态成型，不能受到含紫外成分的光源照射，如太阳光、日光灯的灯光等，并且不能与普通钢、铸铁等材料直接接触，因为这些材料具有使树脂缓慢致凝的作用。

5.2.2 SLA 3D 打印机工作过程

下面以采用激光光源的光固化 3D 打印为例介绍工作过程。光固化 3D 打印的过程可以分为多个阶段，如图 5.5 所示。

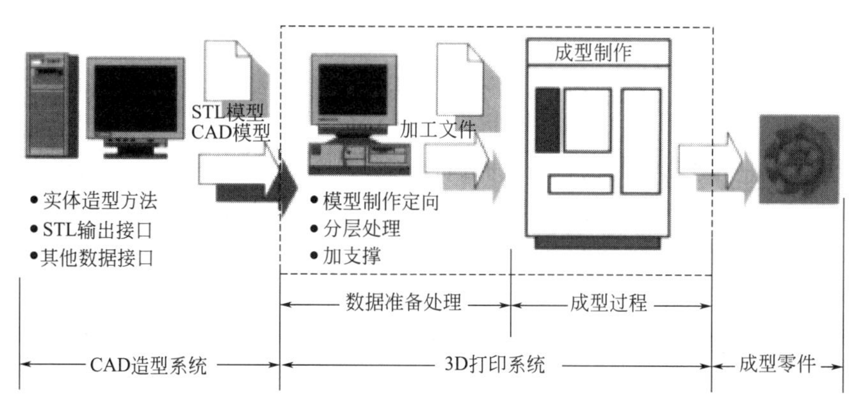

图 5.5 光固化 3D 打印的基本过程

（1）制造数据的获取

由于光固化 3D 打印是基于分层制造、逐层叠加概念的，因此，层层制造之前必须获得每一片层的信息，将 CAD 模型数据转换成 3D 打印系统需要的各种数据格式。通常是将 CAD 模型沿某一方向分层切片，形成类似等高线的一组薄片信息，包括每一薄片的轮廓信息和实体信息。

目前的分层处理需要先对 CAD 模型做近似化处理，将 CAD 模型数据转换成标准的 STL 格式数据，然后再进行分层。几乎所有商用的 CAD 软件都配备了 STL 文件接口，CAD 模型数据可以直接转换成 STL 数据。

（2）分层准备

分层准备过程是指在获取了制造数据以后，在进行层层堆积成型时，扫描前对每一待固化层液态树脂的处理过程。由于层层堆积成型工艺的特点，必须保证每一薄层的精度，才能保证层层堆积后整个模型的精度。分层准备通常是通过涂层系统（recoating system）来完成的。

分层准备有两项要求：一是准备好待固化的一层树脂；二是保证液面位置的稳定性和液面的平整性。为满足第二项要求，一层固化完后，必须下降一个分层厚度的距离，然后在其上表面涂上一层待固化的树脂，且维持树脂的液面与激光聚焦点所在的平面重合或在允许的范围内变动，由于激光束光斑的大小直接影响到单层的精度及树脂的固化特性，所以必须保证扫描区域内各光斑点的大小不变，而激光束经过一套光学系统聚焦后，光斑大小和焦程随即确定。在分层准备过程中，由于树脂本身的黏性、表面张力的作用以及树脂固化过程中的体积收缩，完成涂层并维持液面不动也具有一定的难度。

（3）分层固化

分层固化是指在分层准备完毕以后，用一定波长的紫外激光束按分层所获得的片层信息以一定的顺序照射树脂液面使其固化为一个薄层的过程。单层固化是堆积成型的基础，也是关键的一步。因此，首先需提供具有一定形状和大小的激光束光斑，然后实现光斑沿液面的扫描。所采用的扫描方法为振镜扫描法，即通过数控的两面振镜反射激光束使其在树脂液面按要求进行扫描（包括轮廓扫描和内部填充扫描），从而实现一个薄层的固化。

（4）叠层堆积

叠层堆积实际上是前两步（分层准备与分层固化）的不断重复。在单层扫描固化过程中，除了使本层树脂固化外，还必须通过扫描参数及分层厚度的精确控制，使当前层与已固化的前一层牢固地黏结到一起；堆积工艺必须保证层与层正好黏结，避免因为能量过大导致成型层变形。层层堆积与分层固化是一个统一的过程。

（5）后处理

后处理是指整个零件成型完后对零件进行的辅助处理工艺，包括零件的取出、清洗、去除支撑、磨光、表面喷涂以及后固化等再处理过程。由于树脂的固化性能以及采用的扫描工艺不同，有些成型设备还需对零件进行二次固化，常称为后固化（post curing），即如果成型过程中零件实体内部的树脂没有完全固化（表现为零件较软），还需要将整个零件放置在专门的后固化装置（post curing apparatus，PCA）中进行紫外光照射，以使残留的液态树脂全部固化。这一过程并非必须，视树脂的性能及工艺而定。

分层准备、分层固化与层层堆积是完成成型的关键流程。在确定了用振镜实现激光束扫描树脂液面、分层固化与堆积的方法之后，必须设计一套光路系统以提供满足要求的光斑，而分层准备的实现方法决定了其他的功能子系统，包括托板升降系统、树脂系统、温度控制系统以及刮平系统等。完成了系统主要功能子系统的设计之后，还需要进行各种辅助功能子系统的设计，如通风系统、操作面板的设计等。图 5.6 为光固化 3D 打印系统各主要功能子系统的组成。

5.2.3 SPS600 光固化增材制造设备

SPS600 为国产大型固体激光快速成型机，具有成型速度快、成型精度高、表面质量好、后处理简单等特点，常用于制造行业中的产品设计、评估、试装配过程，产品性能测试和模具原型制造以及金属大型模具的快速制造，能提供高质量快速原型制造。该设备的主要指标如表 5.1 所示。

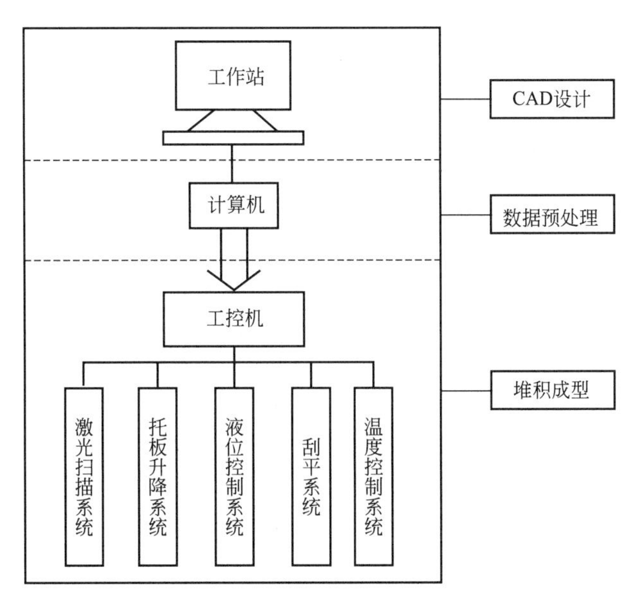

图 5.6　光固化 3D 打印系统的组成

表 5.1　SPS600 设备配置信息

项目	SPS600	
激光器	类型	固体激光器
	波长	355nm
光路系统	类型	高速精密扫描系统(德国),动态聚焦扫描系统
	最大扫描速度	8000mm/s
	焦平面光斑尺寸	
Z 轴方向升降系统	类型	精密丝杠伺服电动机驱动
	重复定位精度	0.005mm
涂铺系统	类型	双边驱动真空吸附式涂铺系统
功率检测	类型	在线
成型室	成型尺寸	600mm×600mm×400mm
	分层厚度	0.06～0.2mm
	成型精度	±0.1mm($L\leqslant$100mm)或 0.1%($L>$100mm)
专用软件	数据处理软件	RPData 10.0 数据处理软件
	工艺控制软件	RPBuild 8.1 工艺控制软件
	数据格式	STL 格式(适用于 Pro/E、UG、I-deas、Solid Work、Delcam、AutoCAD、CAXA 等商用三维 CAD 软件)
电源	(220±11)V,50Hz,单相,3kW	
系统硬件	工业控制计算机(P4 2.8GHz/512Mbps/80GB/2.0USB)	
设备外形尺寸	1865mm×1245mm×1930mm	
设备质量	约 650kg(不含树脂)	

注：L 为成型零件尺寸。

5.2.3.1　环境要求与初步安装

(1) 工作环境要求

① 电源：(220+10) V，(50±2) Hz，3kW，需配备UPS稳压电源。

② 室温：22～24℃，要求有空调及通风设备。

③ 照明：要求采用白炽灯照明，禁止使用日光灯等近紫外光灯具，工作间窗户要求有防紫外光窗帘，防止日光直射设备。

④ 湿度：相对湿度40%以下，要求有除噪设备。

⑤ 污染：工作间要求无腐蚀性或有毒气体、液体及固体物质。

⑥ 振动：不允许存在振动。

(2) 安装步骤

① 调节水平。激光扫描光固化3D打印机有以下安装要求：激光器水平，刮平台、托板及涂铺装置水平，Z 轴升降台竖直。首先确定好激光扫描光固化3D打印机的安装位置，为便于设备检查和维护，机器后面以及左右两侧与墙壁的距离不得少于1m。安装激光扫描光固化3D打印机时，要使万向轮离开地面，由四个地脚螺栓支撑整机的重量并调节3D打印机至水平。以 Z 轴升降系统安装基板的右侧面和背面为基准，调整校正用框式水平仪。调整地脚螺栓，使该板在两方向达到垂直，精度误差控制在±0.02mm内，然后缩紧地脚螺栓。将水平仪（钳工用）放在激光器安装基板上，利用其本身的可调螺钉调整基板水平，然后锁紧。

② 安装激光器。激光器由激光头和控制箱组成。打开激光器包装箱，两个人各持激光器及电源，轻拿轻放，将激光器放置到激光扫描光固化3D打印机顶部，激光的出口正对反射镜，注意搬动时保持激光器大致水平并避免振动。将激光器固定在基板上，将控制箱放置在工控机下面的平板上。保留激光器及其电源的包装箱，以便以后维修或搬运激光器时使用。

③ 安装扫描器和动态聚焦镜。按照使用说明书进行安装。

④ 连接激光器和扫描器的电源线和信号线。注意连接线标识与对应接口标识保持一致。

⑤ 激光器通电，调整光路。按照使用说明书进行调整。

⑥ 向树脂槽添加树脂。将工作台移动至距树脂槽上边沿50cm左右，解锁涂铺电动机控制或关掉伺服电动机，把刮平导轨移动至最里面。打开树脂包装桶，将树脂液缓缓倒入树脂槽，至液面距离树脂槽上边沿15cm即可，随后根据设备调节的情况再适当添加。注意不要将树脂液溅到刮平导轨上，如果导轨上黏有树脂，应立即用工业酒精擦干净。

5.2.3.2　升降支撑平台与涂铺系统的调整

(1) Z 轴万向工作台的组成与维护

Z 轴方向工作台主要包括伺服电动机、滚珠丝杠副、滚珠丝杠支座、导轨副、吊梁、托板和安装立板。其维护保养应注意以下几个方面。

① 定期检查轴承及丝杠副的润滑情况，若发现润滑脂不足，需及时补充润滑脂。导轨每隔一段时间要擦洗、上油一次，建议用10#机油。

② 加工制作完成以后，将工作台升起，高出树脂液面3～5mm。

③ 在托板上刮铲零件时，不要用力过大，以免托板受力变形。

④ 加工制作完成以后，及时将托板清理干净。在使用时间较长的情况下，托板上有些

小孔会被固化的树脂阻塞，此时应该清理托板，可将托板拆卸下来（转动托板前端两个带滚花的偏心夹紧机构，使其挂钩脱开，再松开托板里边的两个压紧螺钉，水平向前抽出托板）。

⑤ Z 轴方向间隙的消除。若在使用过程中发现 Z 轴方向进给量有误差（产生的原因可能是 Z 轴滚珠丝杠轴向有窜动），Z 轴方向的检查调整可从以下两个方面进行：a. 检查电动机与丝杠联轴器是否松动，如松动将紧固螺钉拧紧；b. 检查上端盖是否压紧上轴承外圈，检查时可用长螺栓上下撬动丝杠，如有间隙则压紧轴承的上端盖即可消除。

⑥ 维修时，拆下滚珠丝杠副后，勿将滚珠丝杠滑块移到丝杠的尽头，以免滚珠掉出；拆下直线导轨副后，勿将直线导轨滑块移到直线导轨边缘，以免滚珠掉落。

（2）液位控制调整与树脂使用要求

激光扫描光固化 3D 打印机要求树脂液面位置保持不变。由于制作过程中树脂由液体变为固体，在成型过程中，树脂槽的树脂会不断减少，液面也随之不断降低。液面的不稳定会影响制件的精度，液位控制系统的作用则是保持液面稳定不变。

光敏树脂是一种高分子化合物，无毒、无害，为接近无色、无刺激气味的非易燃品。光敏树脂在常温下是黏稠的液体，溶于乙醇，不溶于水；不小心黏到衣服或地板上时，可用酒精清洗。光敏树脂的要求为：a. 使用温度为 32℃，常温保存；b. 树脂在激光扫描光后会固化，在 3D 打印机内使用或保存时，应避免太阳光或紫外光照射；c. 树脂在容器内存放时，容器内应保持有适量的空气。

（3）温度控制

温度控制系统包括 PID 温度控制器、温度传感器、电阻丝加热板、固态继电器。

树脂的温度由 PID 温度控制器自动调节，使其维持在某范围内。温度传感器测量树脂的温度，当树脂的温度超过设定值时，温度控制器给固态继电器发出指令，使电阻丝加热板断电；当树脂的温度低于设定值时，电阻丝加热板通电。温度控制原理如图 5.7 所示。

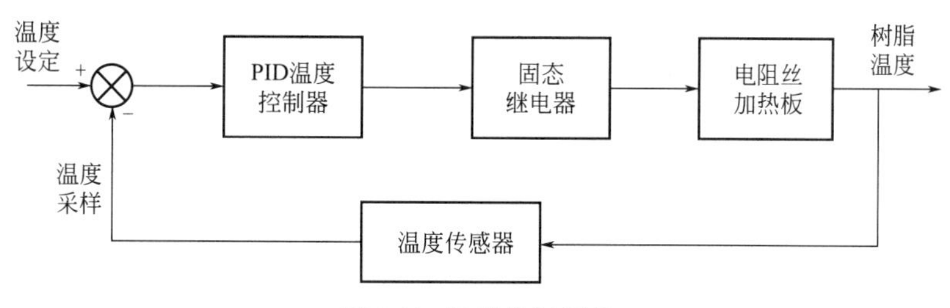

图 5.7　温度控制原理

树脂的温度对制件的成型质量有一定的影响，打印过程中，通常树脂的温度恒定在 32℃后开始工作。

（4）涂铺功能调整

涂铺系统的基本结构有指针、刮平梁、刮板、刮平梁支撑、刮平升降调节螺母座、螺杆、基座、步进电动机、步进电动机支座、同步带、同步带轮、同步带轮支座、真空装置盒、导管等。

涂铺系统用于在已固化层上表面涂铺树脂。涂铺系统采用真空吸附式装置，可保证涂层均匀。真空腔体内树脂液位在腔体高度的 1/2～3/4 为宜。制作零件的过程中，上一层扫描完成后，在扫描下一层之前，需要重新涂铺一层树脂。光敏树脂是黏稠液体，黏度高，表面张力大。由于表面张力的作用，制件上表面涂的树脂有突起，这种突起会影响制件质量，因此要采用真空吸附刮板将树脂液面刮平。托板下降一个分层厚度，真空吸附刮板涂铺一次，以保证涂层面厚度均匀、平整。

① 安装。安装时，将指针下尖端与刮平下端面调整在一个水平上，使升降调节螺母与螺母座指示刻度零位对齐（此为刮板涂铺系统的初装位置），此时即可将刮板涂铺系统装到机架上，然后接好真空装置导管。

② 刮板高度的调节。在标准液面高度情况下，将工作台降到液面以下10mm处，然后再将刮板步进电动机解锁（在步进电动机通电未解锁的情况下，不要拉动刮板，以免损坏步进电动机），或在关闭伺服电源的情况下调节刮板。同时，刮板梁上固定有两个目测指针，同时转动两个刮板升降调节螺母，且一边转动调节螺母使指针下降一边观察，当针尖刚接触液面，即刮板刃口接触液面时，刮板即与液面平齐。再然后反转刮板升降螺母使刮板刃口略高于稳定后的树脂液面，此高度一般取0.1mm。刮板要设定合适的高度，刮板设得太高则会失去刮平的作用，设得太低则会把零件刮坏。实验过程中应使用拉动刮板刮平几次，确认刮板刃口刚好能刮到树脂。

③ 同步带的张紧。在同步带传动机构中，从动轮支座安装在可微调的滑块上；松开其紧固螺钉，调节滑块的位置，可张紧同步带，然后再拧紧滑块的紧固螺钉。

④ 涂铺机构的维护。长时间使用涂铺机构，刮板上会黏附许多固化后的树脂，将影响刮板涂铺工作，必须予以清除。该机构在设计上是可拆卸的，实验中拧下导向键上的四个螺钉即可取下刮板，用工具和酒精加以清除清洗。清洗干净后再返回装上即可。

5.2.3.3 激光扫描系统的组成与调整

（1）组成与光路

激光扫描系统的主要组成包括激光器、反射镜、扫描器和聚焦镜。激光器采用固体激光器，产生的激光波长为355nm。

光路简图如图5.8所示。激光器发出的激光束经反射镜的反射，进入聚焦镜，聚焦镜将激光束聚焦，光束经扫描器上的反射镜片反射后聚焦到树脂液面上。

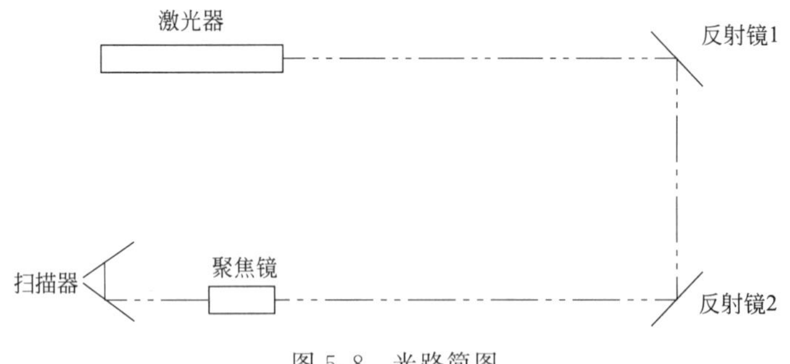

图5.8 光路简图

（2）光轴调整

① 调整反射镜。当激光器、反射镜、聚焦镜和扫描器安装好后，首先观察从激光器出口出来的光束以及经过基板上两个反射镜反射后射进扫描器的光束是否在一个平面上。如果不在，就调整基板上的两个反射镜，使这两束光处在同一个平面上。

② 调整光轴。通过两块反射镜调整光束通过聚焦镜轴线。反射镜1、2的调整可以实现光轴垂直、俯仰和前后的摆动。光束是否通过聚焦镜轴线则可通过观察聚焦镜的入口、出口光斑形状或直接在液面上方观察光斑形状进行判断。

③ 调整扫描器。从工作台的上部看扫描器里的两个振镜片，观察激光光束是否都被反

射在这两个镜片的中部（标准情况是反射在两个镜片中部）。如果不在中部，就通过调整基板上的两个反射镜使激光光束照射在扫描镜镜片的中部。

（3）清洁反射镜

用光学镜头擦拭纸蘸少许无水乙醇擦拭反射镜表面，注意每擦一次要更换一次擦拭纸，不要用同一张纸反复擦拭。

（4）其他维护

激光器、反射镜、扫描器和聚焦镜均要防尘。

5.2.3.4 电控系统的故障识别与对策

电控系统常见的故障、简单的排除方法和维护措施如下。

① 电源指示灯不亮，设备无法开启。如果电源有电，则检查电源总开关是否打开，急停开关是否被按下。若电源总开关处在打开状态，急停开关未被按下，则检查强电板上空气开关是否跳下。

② 若电源指示灯亮，且面板上电源开关可以开启但伺服开关按钮无法开启，则检查强电板上的相关熔断器（红灯亮，则需更换相同规格的熔丝）。

③ 电源指示灯亮，面板上电源开关可以开启，激光器钥匙开关开启后激光器电源无220V 输入，则检查强电板上的相关熔断器（红灯亮，则需更换相同规格的熔丝）。

④ 严禁将树脂液滴洒在电气元件上，如不慎将树脂液滴洒在电气元件上应及时断电并将树脂液清理干净。

⑤ 超过 24h 不用设备，可将伺服及加热电源关闭以延长电气元件和树脂液的使用寿命；激光器电源可保持通电状态但电流须降至“0”。

⑥ 不可频繁开关伺服电源，伺服电源关闭至再开启应间隔 10s 以上。

⑦ 常温树脂在首次加热时温度显示会超过设定温度几摄氏度，之后逐渐回落到设定温度，此现象为正常。如温度持续升高超过设定温度 8℃以上且无回落现象，则应是温度控制电路有故障，须及时断电进行检查排除。

5.2.4 From2 光固化增材制造设备

Form2 为 Formlabs 公司生产的一款桌面型光固化打印机。该光固化设备使用先进的立体光刻（SLA）技术，依靠强大的光学引擎，实现了具有极为丰富细节的激光 3D 打印。Formlabs 还提供了多用途、高可靠的工程树脂库，帮助使用者降低成本，并为市场带来更好的用户体验。

5.2.4.1 Form2 光固化打印机基本组成

Form2 光固化 3D 打印机可以在 100～240V、50Hz/60Hz 的电源条件下正常工作，其额定功率为 65W，噪声小于 70dB，可以通过以太网 LAN 端口连接电脑和无线设备。Form2 的主要组成部件如图 5.9 所示。

5.2.4.2 使用准备和参数设置

（1）接通电源和数据线

接通 Form2 打印机的电源，可以通过 USB、Wi-Fi 或以太网上传文件。USB 可将打印机连接至电脑，以太网可将打印机连接至以太网端口。

（2）调平打印机

必须将 Form2 完全调平，才能开始打印。若跳出系统提示，请使用调平工具升高或降

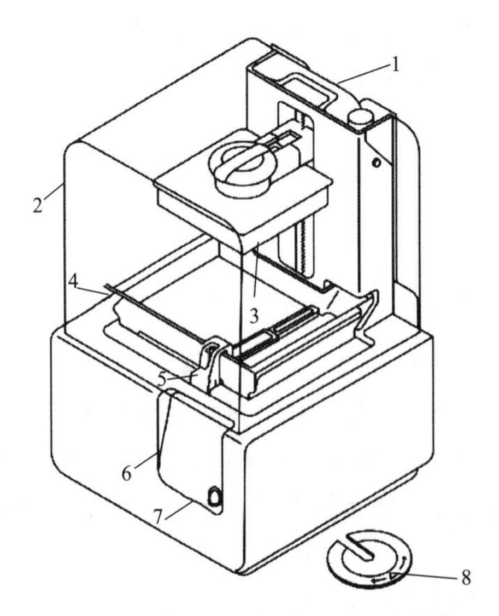

图 5.9　Form2 3D 打印机的组成结构

1—树脂盒；2—机罩；3—构建平台；4—Resin Tank；5—刮板；6—触摸屏；7—按钮；8—调平工具

低打印机的每个支脚。按照屏幕上的提示，调整打印机下方的支脚。将圆形调平工具安装在指定边角，顺时针旋转升高打印机，逆时针旋转降低打印机。通过不断调整，直至屏幕上的圆圈对齐，调平结束。

（3）Form2 组件安装

① 装入树脂槽。首先抬起打印机的机罩，移除树脂槽的黑色盖子；然后将树脂槽的四个小脚与树脂槽托架上的相应孔位对齐；最后，推动树脂槽，直至其与树脂槽托架前端齐平。若树脂槽未插入到位，打印机将无法准确检测到树脂槽。

② 固定刮板。收线确认刮板平直，然后将刮板脚对齐刮板底座，朝树脂槽方向推动刮板，使之与底座前端对齐。最后请务必将刮板安装牢固。

③ 插入构建平台。将构建平台与平台托架对齐并推至平台托架上，向下锁定把手，将固定构建平台固定。

④ 插入树脂盒。在插入新树脂盒前，先摇动树脂盒，确保树脂混合均匀。大约每两周摇动一次树脂盒，以保持盒内树脂混合均匀，从而获得最佳的打印质量。摇匀后，从树脂盒底部取下橙色的保护阀盖，将树脂盒对准打印机背面的开口，并握住树脂盒把手向下推，直至树脂盒顶部与打印机齐平。

5.2.4.3　Form2 光固化 3D 打印机的使用

（1）Form2 软件下载

Form2 光固化打印机使用 PreForm 软件，该软件可以通过访问 PreForm 产品网页下载最新版本。打开 PreForm 软件后，可以看到构建体积和构建平台的边界；由于打印方向的关系，其显示的图像与实际打印方向相反。依次点击 PreForm 工具，可以查看打印设置的基本功能；完成功能设置后，可以开始打印。

（2）Form2 软件设置

打开 PreForm，首先在软件中确认树脂类型和层高，然后打开 STL 或 OBJ 文件，使用 PreForm 缩放、定向、创建或修改每个模型的支撑结构。通过摆放角度设定及支撑添加可以获得更佳的打印效果。如需使用自动设置，可以使用 PreForm 工具进行所有的定向、生成及布局功能。如果选择“一键打印”，PreForm 将会依次执行这些步骤。打印之前，Form2 将会生成 FORM 文件，然后上传到打印机。点击 PreForm 工具栏的橙色打印机图标，即可开始上传，同时，在打印机对话框中选择打印机，接收上传文件并开始打印。

（3）Form2 打印后处理

打印完成后，首先移除构建平台（戴上手套取下构建平台，将平台翻转过来，以防在使用后处理套件之前树脂滴落，并关闭打印机机罩）；然后利用去除工具移除打印件，将构建平台安装到夹具上，把去除工具从支撑底座上的倾斜边缘和弧形区域插入，在打印件基底底部来回滑动以拆除打印件，最后对打印件进行清洗。清洗打印部件有以下几种选择：a. 使用清洗机进行自动清洗。清洗机会搅动异丙醇，并在一定时间后将部件取出。b. 使用 Finish Kit。先在两个漂洗桶中加入异丙醇（IPA），打开一个浸泡桶，将打印件放在漂洗篮后浸入，晃动 30s 后，盖上漂洗桶的盖子，浸泡一段时间，然后再将放置打印件的漂洗篮移入另一个漂洗桶中，晃动 30s 后再浸泡一段时间。光固化后处理过程中有些类型的树脂需要后固化处理，建议的时间和温度设定因不同材料而有所不同。在大多数情况下，Formlabs 标准树脂无须进行后固化处理。

5.3 SLS 3D 打印设备

5.3.1 SLS 3D 打印设备系统构成

5.3.1.1 SLS 3D 打印设备基本组件

选择性激光烧结的成型原理与光固化类似，只是粉末激光烧结过程采用的是物理熔化烧结的方法，而非化学固化的方法，其使用的激光器通常为高能量的红外激光器。激光烧结设备一般由主机、控制系统和冷却器三部分组成。其中主机主要由成型工作缸、废料桶、铺粉装置、送料工作缸、激光器、激光扫描系统、粉末床加热系统、机身与机壳等组成。

成型工作缸：在缸中完成零件加工，工作缸的升降由电动机通过滚珠丝杠驱动，工作缸每次下降的距离即为层厚。零件加工完后，缸升起，以便取出制件和为下一次加工作准备。

废料桶：回收铺粉时溢出的粉末材料。

送料工作缸：提供烧结所需的粉末材料。

激光器：提供烧结粉末材料所需的能源。目前用于固态粉末烧结的激光器主要有两种，CO_2 激光器和 Nd：YAG 激光器。CO_2 激光器的波长为 10.6μm，Nd：YAG 激光器的波长为 1.06μm。对于常用的陶瓷、金属和塑料等三种固态粉末来说，选用何种激光器取决于固态粉末材料对激光束的吸收情况。一般金属和陶瓷粉末的烧结选用 Nd：YAG 激光器，而塑料粉末的烧结采用 CO_2 激光器。

机身与机壳：机身和机壳给整个快速成型系统提供机械支撑和所需的工作环境。

5.3.1.2 SLS 3D 打印设备激光扫描系统分类

SLS 3D 打印机的激光扫描系统有振镜式扫描方式和激光头扫描方式两种。

（1）振镜式扫描方式

① 单振镜式扫描系统。该系统是商用 SLS 3D 打印机应用最广的激光扫描系统，它由一个激光器和一个扫描式振镜系统组成。SLS 3D 打印机一般采用 50～200W 的 CO_2 激光器。为了使激光器发出的激光束能以较小的光斑直径准确地投射到扫描振镜上，一般在激光器和

扫描振镜之间设置有扩束镜、聚焦镜（一般用动态聚焦，较小的成型室工作台面可用静态聚焦）、反射镜（当需要激光的光束改变方向时使用）等。

② 双振镜式扫描系统。这种双振镜扫描系统可以克服单振镜扫描系统扫描范围的局限性。当成型件和相应的成型室工作台面尺寸较大时，就需要采用双振镜甚至更多振镜的扫描系统。

这种多振镜、多激光器扫描系统通常用于打印大尺寸（一般大于 1.2m 以上）的原型制件，如大型塑料原型件和用于铸造的大型覆膜砂型及砂芯等。

（2）激光头扫描方式

这种 SLS 3D 打印机使用伺服电动机驱动 X-Y 成型工作台，使激光头沿 X-Y 方向运动，实现激光束的扫描功能。这种扫描头不需要价格昂贵的扫描振镜，可大大降低 SLS 3D 打印机设备的生产成本，而且使 SLS 3D 打印成型制件的尺寸范围不受振镜扫描系统范围的限制。

5.3.1.3 铺粉装置

SLS 3D 打印机的铺粉装置常用的有三种：铺粉辊、铺粉刮刀、铺粉斗。

（1）铺粉辊

部分商用 SLS 3D 打印机采用此结构，即一种采用圆形实心钢棒或钢管制作的铺粉装置，材料一般用 45 钢坯，在经过切削加工、调质热处理使其达到要求的机械性能后，再对其表面进行镀硬铬层处理，使其达到耐磨要求。用铺粉辊装置铺粉的优点是在铺粉过程中，由于其辊轴转动对铺粉床面的粉料能产生预压作用，因此增加了被铺粉床的致密度，使分床面光滑、平整、致密；缺点是铺粉辊装置的轴端需安装滚珠轴承及电动机，不仅结构复杂，且不适合在成型室温度较高的工况应用。

（2）铺粉刮刀

刮刀的材料为一定厚度的板料通过切削加工使其达到尺寸精度要求和形状要求，同时刮刀和粉床的接触端面需要切削成有一定斜度的刃口形状。然后将已加工好的刮刀进行调质热处理，达到要求的机械性能后，再对其表面进行镀硬铬层处理，使其达到耐磨要求。

（3）铺粉斗

仅适合上供粉系统使用。在该种铺粉斗结构的设计中，铺粉斗的容积一般要考虑斗中储存的粉量应让铺粉斗连续往返两次以上。用铺粉斗铺粉的工作过程是：通过步进电动机使供粉桶中的花键轴辐转动，控制供粉桶中的粉料下落到成型室工作台面上的铺粉斗中；另一步进电动机驱动齿形同步带，带动铺粉斗自左向右移动，在铺粉斗移动的过程中，铺粉斗中的粉末连续下落，将粉末铺到成型活塞的顶部上面实现铺粉（铺粉斗的结构设计避免了工作中的扬粉问题）；然后进行激光扫描完成 3D 打印制件一层截面的烧结，成型活塞下降一个制件截面层厚，铺粉斗回程从右向左进行下一次铺粉，步进电动机再次使花键轴辐转动，再次向铺粉斗供粉。如此重复进行操作，直到整个制件烧结完成。

5.3.1.4 粉末床加热系统

粉末床加热系统的作用是使粉末在被激光扫描烧结前的预热温度略低于被烧结粉末材料的熔点，以便激光扫描时能迅速达到熔化或熔融烧结状态，并在随后迅速冷却，仅需数秒或数分（取决于制件被扫描截面的面积）就能完成 3D 打印制件一个截面层的烧结。

SLS 3D 打印机粉末床的加热系统要求如下：

① 加热管应能迅速达到粉末床材料要求的加热温度，一般选用数百瓦的远红外加热管。远红外加热与传统的蒸汽、热风和电阻等加热方法相比，具有加热速度快、产品寿命长、设备占地面积小、生产费用低和加热效率高等优点。用它代替电加热节电效果尤其显著，一般可节电30%左右，个别场合甚至可达60%。目前，这项技术已广泛应用于油漆、塑料、食品、药品、木材、皮革、纺织品、茶叶、烟草等多种制品或物料的加热熔化、干燥、整形、消费、固化等不同的加工工序中。一般认为，对木材、皮革、油漆等有机物质、高分子物质及含水物质的加热干燥，远红外加热效果最为显著。红外线是一种电磁波（微波、X射线、光波都属于电磁波），直线传播，并且不需要介质（一般传导加热必须经由介质传递热能，对流加热也需要空气的介质传递热能）。远红外线灯管通电2s后，可将热辐射至被加热物质，本身完全不储存热，因此升、降温非常快。

② 加热管系统的分布必须保证3D打印机成型腔的粉床面有足够大的受热区，一般采用多根加热管组合成方形或矩形加热框架。双缸下供粉SLS 3D打印机的粉末床加热管系统布置分为四组加热管（每组管均采用弯管形式），两根长弯管的左边伸出段供左边供粉缸中的粉末预热使用，长弯管右边段和两根短弯管组合成“井”字形框架，预热工作缸上部的粉末床。

③ 加热系统中设计有红外测温仪探头，用于采集加热区的实际温度，并将其反馈至3D打印机的控制系统；然后与温度设定值进行比较并进行实时调节，以保证加热区的温度符合3D打印成型的要求。

5.3.2 SLS 3D打印设备工作过程

双缸下供粉SLS 3D打印机机型的主要部件设计是采用一个工作缸和一个供粉缸及两个余粉回收桶。其工作过程是：供粉缸活塞在步进电动机的驱动下向上移动，待粉末高出供粉缸一个成型件的切片分层厚度后，计算机控制系统使铺粉辊由左往右移动，在成型室工作台面上铺设一层粉末。与此同时，还应使铺粉辊逆时钟方向旋转，以便铺粉辊将粉末向辊子前进方向推动时，不仅使粉末铺平，还能产生略微压实工作台上粉床面的作用。多余的粉末则被推进右边的余粉回收桶，回收供下次打印使用。加热系统将成型室工作台面上方的粉末床预热至略低于其熔化温度后，由扫描振镜反射过来的激光束在计算机的控制下，根据当前进行3D打印成型件图形的截面轮廓信息，在粉层上进行选区扫描；调整激光束的强度，使粉末的温度升至其熔点，且刚好能将厚度为0.125～0.25mm的粉末层烧结，使粉末颗粒交界处熔化。这样，当激光束在被成型制件二维平面所确定的轮廓区域内扫描移动时，就能逐步使粉末相互黏结，得到成型件的一层截面薄片层。之后，铺粉辊自右向左移动，返回到原始铺粉的位置，运行中将多余的粉末推入左边的余粉回收桶。随后在步进电动机的驱动下又使供粉缸活塞再次向上移动，使粉末又高出供粉缸一个分层厚度，成型缸活塞又带动工作台再次下降一个成型件的切片分层厚度，再进行下一层的铺粉、激光扫描和烧结。当这层成型件粉末烧结完成时，会自动与上一层的烧结粉层叠加并黏结在一起，如此循环反复依次连续操作，就能逐步得到各层截面形状的烧结层，最终烧结成型SLS的三维制件。非烧结区的粉末仍呈松散状态，它们将作为下一层粉末的支撑。最后，取出已完成的3D打印成型制件，用刷子或压缩空气去掉黏在制件表面上未烧结的粉末。随后进行后固化、打磨、喷涂、浸渗等后处理，从而得到品质优良的3D打印成型制件。

这种双缸下供粉SLS 3D打印机的优点是，整机外形沿 X 长度方向的尺寸可以比三缸下供粉 SLS 3D 打印机小一些。其缺点是：每进行下一次铺粉时，铺粉辊必须经历一次空行程，由右限位回到左限位供粉缸起点的位置，这样铺粉辊往返需要运行两次，浪费了一次空行程时间，使打印机的生产效率降低。

5.3.3 Sintratec Kit 激光烧结增材制造设备

以激光烧结（SLS）工艺为基础的增材制造成型工艺是现阶段最复杂的成型工艺之一，其控制系统和成型流程与 SLA 设备类似，主要区别在于材料形状和成型原理。在目前大部分 3D 打印材料中，尼龙的强度相对较高，所以比较适合对坚固性要求较高的场合。目前处理尼龙材料的最佳工艺是激光烧结，瑞士的 Sintratec 研发团队开发了基于 SLS 系统的 Sintratec Kit 3D 打印机，使用红外激光束来实现粉末材料快速烧结成型。该产品使用尼龙作为 3D 打印材料，可以用来打印功能原型和最终产品，比如小尺寸、便携式的零部件及功能件，很适合家用或小企业使用。

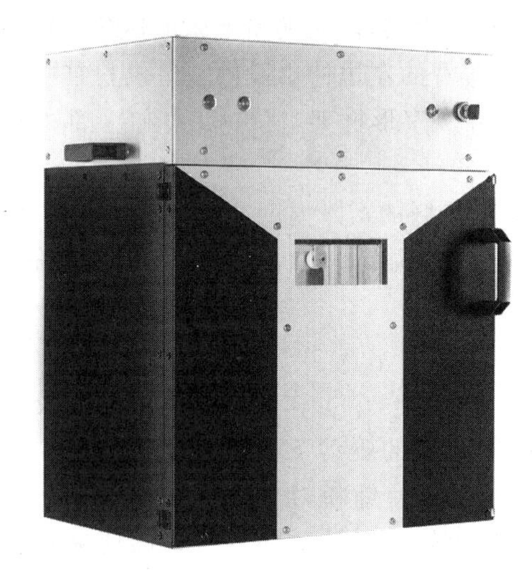

图 5.10 Sintratec Kit 3D 打印机的外部结构

5.3.3.1 环境要求与初步安装

Sintratec Kit 3D 打印机于 2014 年发布问世，其能打印零件的最大尺寸为 100mm×100mm×100mm，层厚最小可达 50μm，能够以高分辨率生成复杂的几何形状，其外部结构如图 5.10 所示。

5.3.3.2 铺粉结构和粉末床加热机构的调整

在打印机工作时，激光烧结工作在打印机内腔内完成，其铺粉结构由铺粉刮刀和两个平台组成。通过步进电动机连接驱动一个铺粉刮刀在两条直线导轨上水平移动，刮刀受到两侧的两个限位开关约束；两个平台分别在各自的直线导轨上垂直移动，每个平台都由丝杠驱动，并由两端的两个限位开关约束。在右侧平台上有容器用于储存新粉末，在左侧平台的左侧有一个盛放多余粉末的容器，烧结成型的零件在左侧的平台上打印完成。对于每一层的激光烧结，右侧平台要向上移动一层，左侧平台要向下移动一层，然后刮刀将新粉末层从右侧平台铺到左侧平台，铺满零件横截面之后，将多余的粉末推入盛放粉末的余粉容器中。余粉容器的底部有一个门可用于取出余粉，以便回收使用。

粉末床的加热机构是利用位于内部主体顶部的红外加热元件进行加热。工作时顶部的三个红外加热管会对右侧平台上的粉末表面进行加热。其内部背面有一个加热线圈，在打印前和打印时对内部主体和外壳内表面进行加热，加热时通过两个热敏电阻读出主体的温度。铺粉过程调整如下：

① 将储粉器平台（右平台）向下移动，方便填充储粉器。

② 将打印平台（左平台）移动到顶部。

③ 用新的粉末填充粉末储存器并确保粉末分布均匀。

④ 将右侧平台向上移动一步（0.1～1mm）并涂上一层新的粉末。重复此操作，直到粉末储存器和打印区域的表面均匀分布。

⑤ 涂抹 2～3 层（0.1mm）以检查新粉末层是否均匀分布。

⑥ 关闭 Sintratec 套件的门，将套件连接到电源，将电源开关打开并检查是否未按下紧急按钮。

粉末床加热机构的调整：在插好红外传感器，门限位器的位置正确的情况下，加热平台，红外灯正常工作，加热线圈正常工作，热敏电阻反馈温度正常，则其能正常使用。

5.3.3.3 激光振镜系统的组成与光路调整

外光路系统的光路布置适用于 SLS 3D 打印机整机，其顶面沿 X 轴长度方向的尺寸较小，不足以将激光器、扩束镜、动态聚焦模块及扫描振镜沿 X 轴方向成一直线放置，故设置多个反射镜将激光束传输到扫描振镜。这种光路系统的调整方法及步骤如下：

① 启动计算机，进入操作系统中的【调试】菜单。

② 将有机玻璃片放在激光器与反射镜头 1 之间，用鼠标点击【开启】按键开/关激光。逐步调整反射镜 1 在安装座上的位置，使打在有机玻璃片上的光斑位置位于反射镜的中心；一旦激光束光斑对准镜片中心，即可关上激光。

将有机玻璃片置于反射镜 1 的出口与反射镜 2 的入口，打开激光器，移动有机玻璃由反射镜 1 到反射镜 2，观察光斑是否为圆斑；要求光斑在反射镜 1 的出口与反射镜 2 的入口中心位置上，若不满足要求，则调整固定镜片 1 的反射角及镜片 2 的安装位置，使其满足要求。

③ 将有机玻璃置于反射镜 2 与反射镜 3 之间，由近及远调整光束射向，调试方法及要求同步骤②。调整反射镜 2 的反射角及反射镜 3 的安装位置，使光斑在反射镜 2 出口处为圆斑，并位于反射镜 3 入口的中心位置。

④ 将有机玻璃片置于反射镜 3 与动态聚焦镜模块入口之间，调试方法见步骤③。

⑤ 调整振镜动态聚焦扫描系统的安装位置，使聚焦点正好位于刮刀平面上。将一张感光白纸置于粉末床平面上，在 SLS 调试面板上点击【激光调试】，使扫描头动作，在感光白纸上扫描一个 200mm×200mm 的有十字线的正方形（即画一个田字形）。观察前后左右的扫描痕迹是否均匀，观察光斑是否很尖细，并测定田字形上直线相交的九个交点之间的尺寸精度是否合格，否则微调振镜动态聚焦扫描系统的安装位置使光斑达到最细。

5.3.4 Sinterit Lisa 激光烧结增材制造设备

Sinterit Lisa 打印机相较于市面上的其他类型打印机，具有直观的用户界面，简化了整个烧结过程，按步骤即可完成。Sinterit Lisa 价格相对较低。Sinterit Lisa 3D 打印机可构建产品的最大体积为 150mm×200mm×150mm，最小层厚为 0.075mm，其 Z 轴的打印速度为 10mm/h，可适用于 Sinterit Lisa 打印的材料有 PLA 和 TUP 等，激光类型属于 5W IR Laser Diode 激光器。

5.3.4.1 零件的 SLS 3D 打印加工制造

Sinterit 设备的软件系统可通过网络或 USB 口接收 STL 文件。开机完成后，通过菜单的【文件】下拉菜单读取 STL 文件，并显示在屏幕实体视图框中。如果零件模型显示有错误，请退出 OGGI 3D 软件系统，用修正软件自动修正，然后再读入，直到系统不提示有错误为止。通过实体转换菜单，将实体模型进行适当的转换，以选取理想的 3D 打印加工方位。加工方位确定后，利用【文件】下拉菜单的【保存】或【另存为】项存取该零件，以作为即将用于 3D 打印加工的数据模型。如果是【文件】下拉菜单中的文件列表中已有的文件，用鼠标直接点击该文件即可。

① 点击【设置】菜单，选择【制造设置】、【参数设置】，设置系统的零件制作参数（扫描速度，激光功率，烧结间距，单层厚度，铺粉延时，扫描延时，光斑补偿，X、Y、Z 方向修正系数，扫描方式等），设置完后点击【确定】按钮。

② 点击【设置】菜单，选择【制造设置】，设置预热温度、预热时间、一般层加热温度以及外前加热、外后加热和中加热温度系数。

③ 点击【制造】菜单，选择【模拟制造】项，即可进行该3D打印零件的模拟制造。

④ 点击【制造】菜单，选择【制造】项，进入【制造】对话框。在【制造】对话框中，设置好起始高度（一般不改变它的初始值）和终止高度，选择【制造结束后关闭电源】，关上前门，按【多层制造】按钮开始自动制造。待零件打印完成，系统自动停止工作。

5.3.4.2 Sinterit 上位机软件与显示屏界面

（1）软件安装要求

① Windows 7 或更高版本。

② 至少 500 MB 的磁盘空间。

③ 至少 2 GB 的内存。

④ OpenGL 3.0 或更高版本兼容的图形适配器。

（2）软件安装步骤

① 将机器套装内的 U 盘连接到电脑 USB 口。

② 找到 Sinterit Studio 文件夹。

③ 打开 SinteritStudioSetup.exe。

④ 选择安装语言。

⑤ 根据屏幕上的安装提示安装软件。

⑥ 安装完成。

（3）开机以及连接 Wi-Fi 网络

① 正确连接电源后开机。开机后机器屏如图 5.11 所示。

② 在打印机的触摸屏上选择高级模式（Advanced mode），点击 Wi-Fi。

③ 找到要连接的 Wi-Fi 名称，单击之后输入密码，然后点击 OK。

④ 连接好之后可以看到在 Wi-Fi 一栏的后面显示了已经连接的 Wi-Fi 名称，如图 5.12 所示。

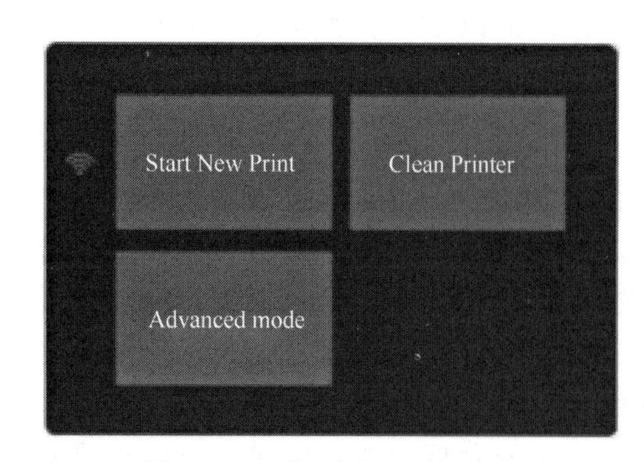

图 5.11　开机后的显示屏状态

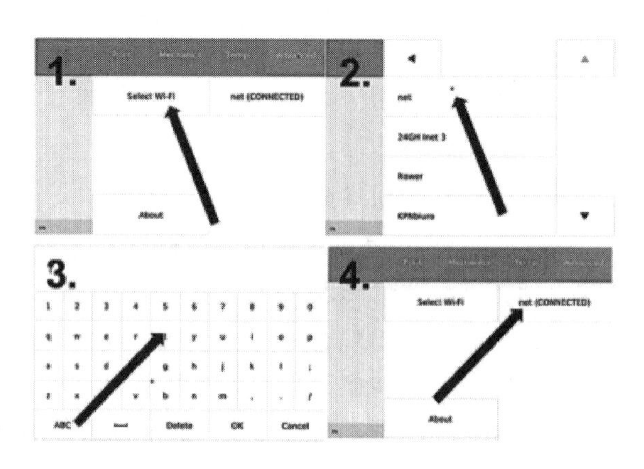

图 5.12　连接 Wi-Fi 后的显示状态

（4）标准模式打印操作

① 将需要打印的文件拷贝到 USB 载体中，将 USB 连接到打印机，此时机器检测到接入 U 盘，显示界面会弹出图 5.13 所示的窗口。

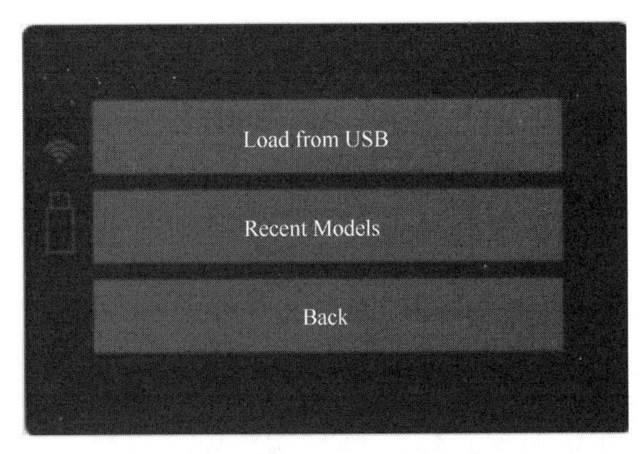

图 5.13　插入 U 盘后的显示界面

② 打开 USB 中储存的文件，选择需要打印的那个文件，该文件会被加载到设备的内存中，如图 5.14 所示。

图 5.14　设备正在加载

③ 加载完成后，显示器将显示文件名、粉末材料名称以及预计打印时间，如图 5.15 所示。此时可以选择回到上一步更改加载的文件，也可以进行下一步的工作。

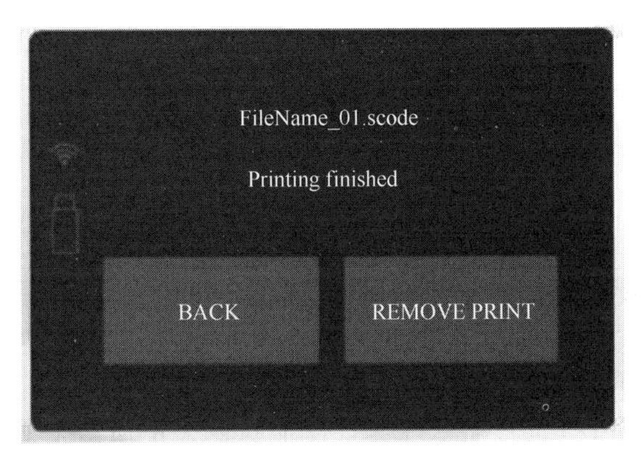

图 5.15　加载完成后提示进行下一步操作

④ 在确认将之前打印的样品拿走并且打印机的路径没有阻碍后，就可以进行下一步工作了。

⑤ 点击开始，等机器回归坐标零点后添加粉末材料压实调平即可进行下一步工作。添加材料的操作如图 5.16 所示。

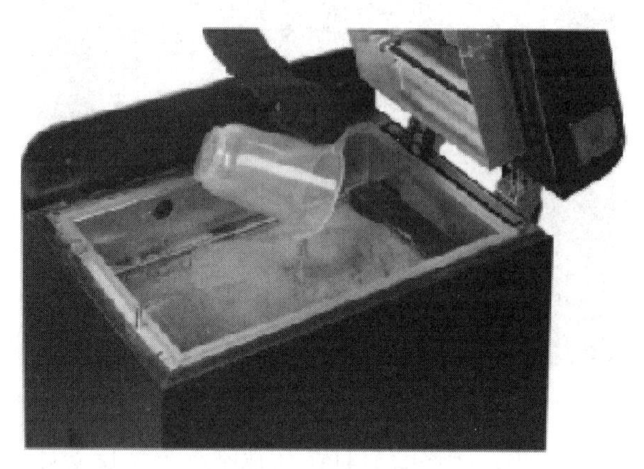

图 5.16 添加粉末材料

⑥ 完成准备工作后盖上盖子，点击【Start Printing】即可开始打印操作，如图 5.17 所示。

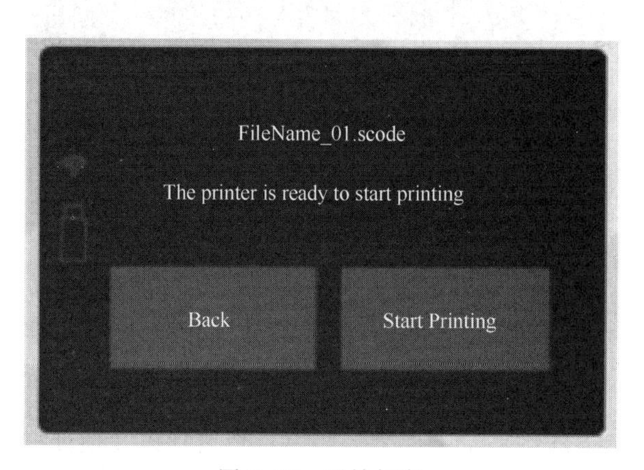

图 5.17 开始打印

5.3.4.3 激光扫描系统的组成与调整

激光扫描系统由红外线加热器、激光防护玻璃、激光系统、开口销和红外加热器组成。

Sinterit 设备激光光路调整方法和 Sintratec 设备相似，其更换红外加热装置的操作安装步骤如下：

① 更换加热器时，请戴上防护手套或使用干净的布/纸巾，不要用手触摸加热器。

② 确保加热器不是热的。在设备处于低温状态，并且关闭电源后执行操作。

③ 用手指轻轻抓住加热器，并将其平行移动到插槽中，将其取下。请勿向任何方向扭曲，否则可能会损坏加热器插槽。

④ 将新加热器插入插槽（如果要用手触摸加热器，请使用手套或干净的布将其取下，清洁后再次安装）。更换示意图如图 5.18 所示。

(a)

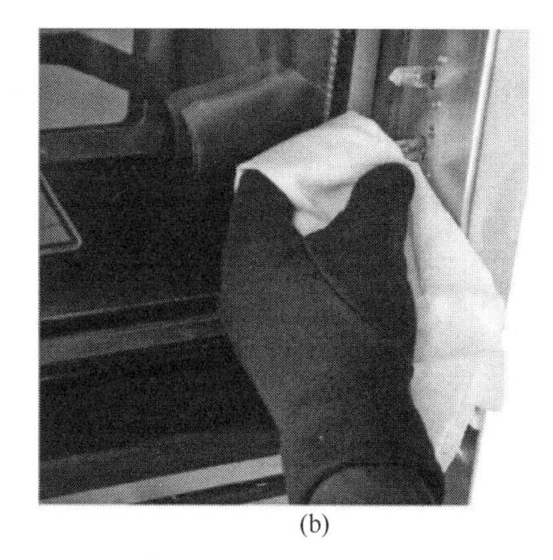
(b)

图 5.18　正确拆除旧的和安装新的红外线加热器

5.3.4.4　设备维护及保养

电柜的维护：电柜在工作时严禁打开，每次做完零件后必须认真清洁，防止灰尘进入电器元件内部，引起元器件损坏。

电器的维护：各电动机及其电器元件要防止灰尘及油污污染。

设备的维护：各风扇的滤网要经常清洗，机器各个部位的粉尘要及时清扫干净。

工作缸的保养及维护：制作 3D 打印制件之前和制件做完之后，都必须对工作平台、铺粉刮刀、工作腔内整个系统进行清理（此时必须取出 SLS 打印的制件）。

Z 轴丝杆、刮刀导轨的保养及维护：定期对 Z 轴丝杆及铺粉刮刀、导轨进行去污、上油。

工作缸、送粉缸导柱、导套和丝杆的润滑：将工作缸和送粉缸上升到上极限位置，松开固定活塞不锈钢盖板的螺钉，轻轻取下不锈钢板，用油枪对准导柱注射适量的润滑油；丝杆使用锂基润滑脂润滑，将润滑脂轻涂在丝杆螺纹里，涂完之后轻轻盖上不锈钢板，然后拧紧螺钉，完成清洗。

激光窗口保护镜处理：在拆卸保护镜片前，应保证保护镜窗口周围清洁，且不可有风扇向镜头方向吹风，以免在拆保护镜片时，气流将灰尘带入镜头内部，导致内部污染；勿用裸指安装镜片，须戴上无粉指套或橡胶/乳胶手套；拿取镜片时不可触摸到膜层和镜面，应拿捏镜片边缘，并将镜片放置在拭镜纸上。清洁时用一个吹气气囊或清洁气吹掉镜片表面散落的污染物。用丙酮或无水乙醇等清洁剂浸润一个未使用的专用棉签，轻轻擦拭镜片表面（请勿用力摩擦），在镜片表面缓缓拖动湿棉，使湿棉后面留下的液体刚好能立即蒸发。

对目标 3D 打印机的机械结构类型选择确定以后，根据打印机的机械结构类型来确定控制方法，设计控制系统。控制系统主要分为宏观层面的物联网络控制系统与微观层面的 G 代码控制系统两部分。两者之间为包含关系，物联网络控制系统需要由 G 代码控制系统提供基础支撑。

第6章 聚合物3D打印与3D复印技术

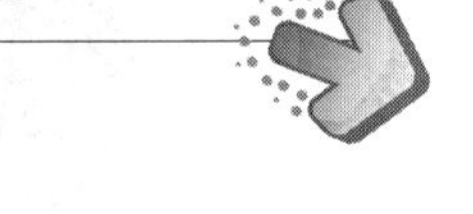

6.1 熔体微分3D打印技术

熔体微分段3D打印是一种基于熔体沉积成型方法的成型工艺，其成型工艺包括耗材熔化、按需挤出、堆叠成型三个部分。基本原理如图6.1所示。热塑性颗粒在机筒内加热塑化后，由螺杆加压输送至热流道；熔体通过热流道均匀分布到各个阀腔，阀针在外力作用下启闭，按需将熔体挤出到喷嘴中，形成熔体“微单元”。此外，产品的电子模型除按层划分外，还在同一层内均匀地划分为若干个填充区域。在堆叠过程中，熔体“微单元”按要求填充相关区域，逐层堆叠，形成最终的三维产品。

熔体微分3D打印成型方法具有以下特点：

① 螺杆式上料装置可加工热塑性颗粒和粉末，避免了丝材耗材打印的局限，扩展了熔体堆叠式3D打印的应用范围。

② 采用针阀结构作为熔体挤出控制装置，避免了喷嘴容易流涎的缺点；通过控制阀针的开闭，可以精确控制熔体挤出流量和挤出时间，提高熔体“微单元”的精度。

③ 划分打印模型的面积，在制备大型产品时，采用多打印头同时打印的方法，可以成倍提高3D打印的效率。

④ 根据自耗熔体段、按需挤出段、叠层成型段的流动顺序，分段研究熔体的理论模型。

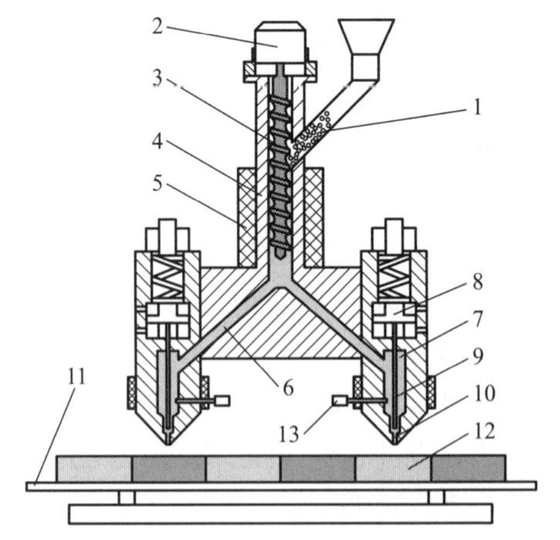

图6.1 熔体微分3D打印基本原理

1—颗粒；2—驱动电机；3—螺杆；4—机筒；5—加热夹套；6—热流道；7—阀室；8—阀针驱动；9—阀针；10—喷嘴；11—基材；12—产品；13—压力检测装置

6.1.1 熔体精密输运的原理

为实现熔体的可控挤出，首先应确保耗材保持在耗材熔体段输送精确，阀腔入口处压力建立稳定，因此螺杆的设计参数对稳定运行至关重要。由于3D打印机整体尺寸的限制，熔体塑化段的尺寸远小于普通挤出机组的设计尺寸，因此普通螺杆的计算方法不适用于微型挤出机。根据压流变分析和螺杆式熔体挤压快速成型装置的相关模型，得出螺杆尺寸、转速和熔体流速与口模的关系方程，为熔体塑化段的设计和制造奠定了理论基础。

（1）螺杆类型的选择

为实现热塑性耗材的均匀塑化，并在加工过程中提供精确的输送和连续的压力构建，可选择深槽锥形的单螺杆。深沟渐进式单螺杆一般由进料段、压缩段和计量段组成，如图 6.2 所示。进料段 L_1 需要确保稳定的颗粒供应和建立背压。对于螺杆来说，进料段 H_1 的深度至少要大于标准颗粒直径，以保证料斗中的颗粒“进料”到机筒中。压缩段 L_2 用于压实熔料并排出空气；计量部分 L_3 确保熔体以恒定的流量和压力进入阀腔。

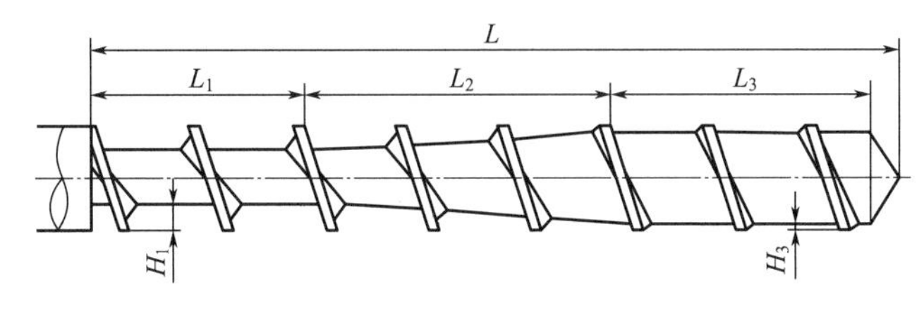

图 6.2　深沟渐进式单螺杆分段示意图

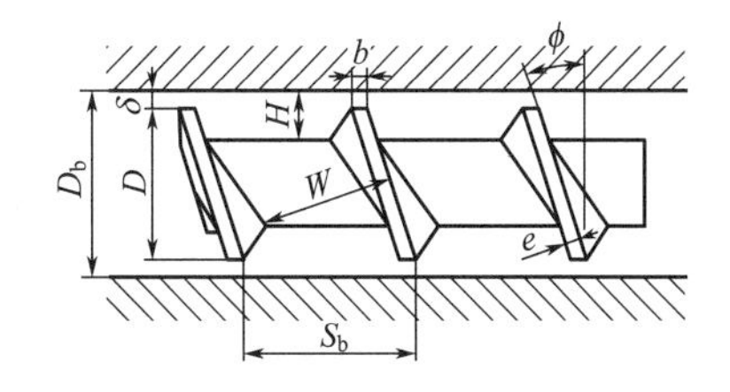

图 6.3　螺杆几何参数

螺杆的尺寸参数对耗材的塑化和建压有重要影响，其相关参数如图 6.3 所示。

螺杆全长的常数参数：机筒内径 D_b、螺杆外径 D、螺距 S_b。

螺杆径向参数：螺旋升角 ϕ、螺杆槽法向宽度 W、螺杆齿法向宽度 e、螺杆齿轴向宽度 b。

螺杆轴向参数：进给段螺杆槽深 H_1，计量段螺杆槽深 H_3。

（2）螺杆转速与挤出流量的关系

根据深槽锥形单螺杆各节段的结构和几何尺寸参数，建立螺杆转速与挤出流量的关系方程。常用于指导挤出机设计的无限平板理论方程，由于微型螺杆直径尺寸小，曲面效应不可忽视，难以应用。

实际边界条件的单螺杆挤出方程，在等温牛顿流体条件下进行解析计算，并给出了熔体流动速率 Q_z^* 的无量纲表达式为

$$Q_z^* = F_d^* - F_p^* p_z \tag{6.1}$$

$$F_d^* = \frac{1 - H_3/R_b}{H_3/R_b}\left(2\pi\tan\phi - \frac{e}{R_b}\right) f_{Q1} + \frac{0.27 H_3/R_b \times (2 - H_3/R_b)}{\left(2\pi\tan\phi - \frac{e}{R_b}\right)\cos\phi} \tag{6.2}$$

$$F_p^* = \frac{1}{12} - \frac{0.05 H_3/R_b}{\left(2\pi\tan\phi - \frac{e}{R_b}\right)\cos\phi} \tag{6.3}$$

$$p_z = \frac{1}{\mu}\frac{\partial p}{\partial Z}\frac{H_3^2}{R_b \omega \cos\phi} \tag{6.4}$$

$$f_{Q1} = 0.5\frac{H_3}{W} - 0.32\left(\frac{H_3}{W}\right)^2 \tag{6.5}$$

式中，R_b 是螺杆外径半径；p_z 是熔体压力；F_d^* 是阻力流影响参数；F_p^* 是压力流量影响参数；f_{Q1} 是系数。

在熔体传输和压力建立过程中，应减少回流对整体流动的影响，以便在挤出流量和螺杆速度之间建立线性对应关系。影响压力流量的参数包括熔体黏度、计量段长度、螺杆槽法线

宽度、螺旋升角、螺杆槽深度。压力流量与螺杆槽深度的三次方成正比，因此减小螺杆槽深度虽然会影响阻力流，但会显著降低压力流量。此外，压力流量与计量段长度成反比，因此增加计量段长度也会降低压力流量。根据实际经验，减小机筒与螺杆之间的间隙 δ 也会降低压力流量。

根据上述分析，可以得到挤出流量与螺杆转速的线性关系

$$Q_z = 2\pi k F_d^* (R_b W H_3 \cos\phi) \times 2\pi n \tag{6.6}$$

式中，n 为螺杆转速；k 为系数，$k = 1 - Q_p/Q_d$，Q_d 为螺杆旋转引起的拖曳流量，Q_p 为流动挤压过程中产生的回流流量。为减少压力流量对线性关系的影响，k 值应大于 0.95。

螺杆转速与阀腔背压的关系从图 6.1 可以看出，熔体在耗材的熔体段被塑化，压力建立后分别通过热流道输送到阀腔，最后通过喷嘴挤出。可以确定，输送到阀腔的熔体流量 Q_z 等于通过每个喷嘴挤出的总流量 Q_n，即

$$Q_z = m Q_n \tag{6.7}$$

$$Q_n = \frac{\pi D_n^4}{128 \mu L_n} \Delta p \tag{6.8}$$

式中，D_n 为喷嘴直径；L_n 为喷嘴长度；Δp 为阀腔背压；μ 为熔体黏度。

由式(6.6)～式(6.8) 可以得出

$$\Delta p = \frac{256 \mu L_n k F_d^* (R_b W H_3 \cos\phi)}{m D_n^4} n \tag{6.9}$$

通过以上研究，建立了微螺杆挤出系统中螺杆转速与挤出流量与阀腔背压的线性关系方程，从而可以通过检测和控制阀腔背压来控制螺杆转速，然后闭环反馈，实现熔体挤出流量的精确控制。

6.1.2 熔体微分技术的建压模型

在聚合物 3D 复制加工成型中，工艺的前 3 步是准备工作，而注塑成型才是产品复制真正开始的地方，所以注塑机本质上就是一台 3D 复印机。注塑机能够快速高效地大批量复制聚合物制品，是加工塑料制品最重要和应用最广泛的方法之一。随着注塑技术的不断发展，也出现了许多新的注塑技术来成型有特殊要求的产品，如注射压缩成型、气体或水辅助注射成型、传递模塑（RTM 技术）、反应注塑、泡沫注塑等。

（1）注射压缩成型（ICM）

为了降低产品收缩率，提高产品精度，传统的注射成型常采用提高注射压力的方法，但压力的升高不仅会导致脱模问题，而且会导致产品的残余变形，因此提出了注射压缩成型工艺。

注射压缩成型，又称二次共模注射成型，是一种注射和压缩成型相结合的成型技术。与传统的注塑成型工艺相比，注塑压缩成型的显著特点是其模腔空间可以根据不同的要求自动调整。模具第一次合模时，并没有完全合模，而是保留了一定的间隙。当注入型腔的树脂因冷却而收缩时，从外部施加强制力使型腔变小，从而补偿收缩，提高产品质量。

注射压缩工艺流程如图 6.4 所示。先在型腔厚度略大于制品壁厚的位置用较小的合模力合模，然后将一定体积的塑料熔体注入型腔，当螺杆到达射出定型位置，合模装置立即加大合模力，将动模板向前推，型腔内的熔体在动模的压缩下获得精确形状。

根据注塑件的几何形状、表面质量要求以及不同的注塑设备条件，注塑压缩成型有顺序、同步、呼吸和局部加压四种。

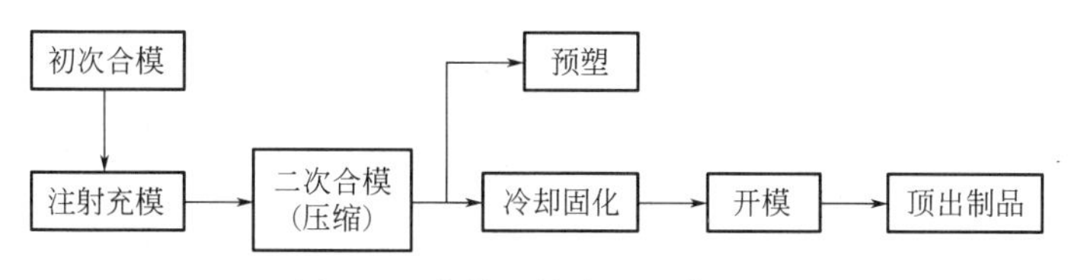

图 6.4 注射压缩成型工艺流程

① 顺序注射压缩成型。顺序意味着注射过程和合模过程是顺序执行的。如图 6.5 所示，模具在开始时部分闭合，留下大约为零件壁厚两倍的型腔空间。在注入熔体后，模具会经历最终的完全闭合，并允许聚合物在型腔内被压缩。在此过程中，由于在注射完成和开始压缩之间存在聚合物流动暂停的时刻，因此零件表面可能会形成流动痕迹，其可见性取决于聚合物的颜色材料，以及成型时零件的纹理结构和材料类型。

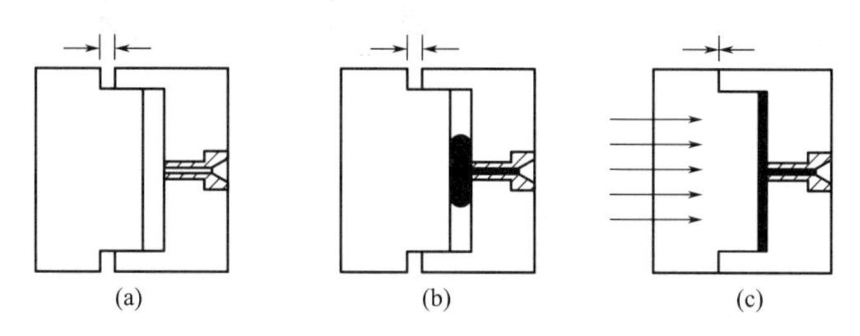

图 6.5 顺序注射压缩成型流程

② 同步注射压缩成型。与顺序注射压缩成型一样，同步注射压缩成型以略微闭合的模具导轨开始，只是模具在材料注入型腔的同时开始推动和施加压力。在挤出螺杆和模腔的联合运动过程中可能会有几秒的延迟。由于聚合物流动前沿保持稳定的流动状态，它不会像连续模式那样显示暂停和表面流动痕迹，如图 6.6 所示。

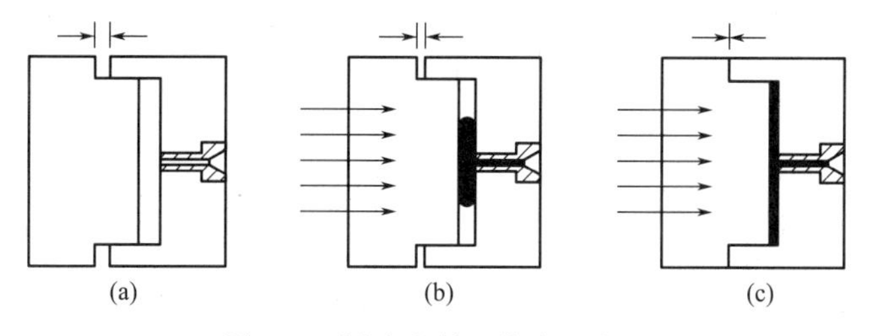

图 6.6 同步注射压缩成型流程

由于这两种方法在操作开始时都会留下很大的型腔空间，因此在熔融聚合物注入型腔并遇到定向压力之前，它可能会由于重力首先流入型腔的下侧，并且可能会产生不希望的发泡。此外，零件壁厚越大，型腔空间越大，流动长度越长，模具完全闭合的时间越长，可能会加剧这些现象。

③ 呼吸注射压缩成型。在注射开始时模具完全闭合，随着聚合物注入型腔，模具逐渐拉开，形成更大的型腔空间，而型腔中的聚合物总是处于一定的压力之下。当材料接近填充型腔时，模具开始向后推，直到完全闭合，使聚合物进一步压缩并达到所需的零件尺寸，如图 6.7 所示。

④ 局部注射压缩成型。使用局部注射压缩成型时模具完全闭合。有一个内置的线压头在聚合物注射期间或之后从腔中的局部位置压入腔中，以局部压缩和减薄零件的较大固体部分，如图 6.8 所示。

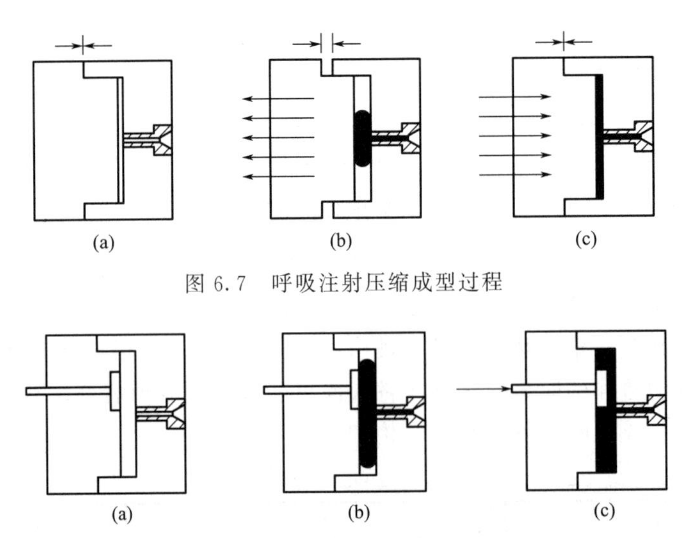

图 6.7　呼吸注射压缩成型过程

图 6.8　局部注射压缩成型过程

注射压缩成型的优点是可以生产尺寸稳定且基本无应力的产品，具有低注射压力、低闭合力和短生产周期。但注射压缩成型的模具比较昂贵，并且在压缩阶段有很高的磨损；注射机需要额外投资，即压缩阶段控制模块。

注射压缩成型适用于广泛的热塑性工程塑料以及一些热固性塑料和橡胶。注塑压缩成型的主要应用包括薄壁零件、光学零件，如高质量和高性价比的 CD 和 DVD 光盘以及各种光学镜片。

（2）气体或水辅助注射成型

其原理和工艺是在熔体注入模具但尚未固化时，沿着特定的喷嘴或模具向熔体中注入气体或水。由于压力的作用，介质会渗入熔体，从而在熔体中形成一个型腔，该型腔又会填充模具型腔，然后利用介质的压力保持压力，最后固化成型。气体辅助注射成型原理（喷嘴入口），如图 6.9 所示。

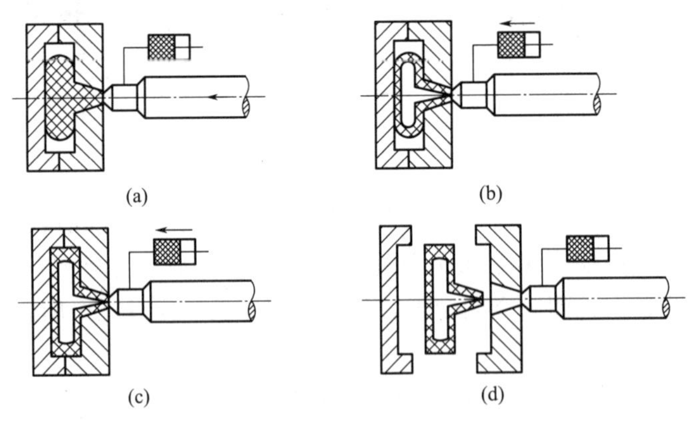

图 6.9　气辅注射原理

根据气体或水辅助注射成型的工作过程，该过程可分为六个阶段。

① 塑料注射填充阶段。此阶段与常规注射工艺几乎相同，唯一不同的是此工艺中的熔体一般不会一下子充满型腔，一般会留出 4%～30%的空间。

② 切换延迟阶段。这个阶段是从熔体注入结束到介质注入开始之间的一段时间，它的过程很短。延迟时间对气辅注塑制品的质量有重要影响，通过延迟时间的改变可以改变制品

气道处的熔体厚度分数。

③ 媒体注入阶段。这个阶段是从介质开始注射到整个模具型腔被填满的一段时间，时间也很短，但是对于塑料制品的成型质量来说，是整个过程中最重要的一步，若控制不足，会产生许多缺陷，如气蚀、熔体前冲、注射不足和介质渗透到较薄部分。

④ 保压和冷却阶段。在这个阶段，产品依靠介质的压力来保压。当介质为水时，该介质还可以很好地冷却制品，最终缩短成型周期。

⑤ 媒体排放阶段。无论注入的介质是惰性气体还是水，最终都会被排出。气态介质可直接排放，水一般可采用注气或蒸发水的方式排放。

⑥ 弹出产品。这个阶段与传统的喷射相同。

气辅助和水辅助两种工艺在节约原材料、防止收缩、缩短冷却时间、提高表面质量、减少制品内应力和变形、降低合模力等方面具有显著优势，突破了传统的注射成型方式，可灵活应用于多种零件的成型；这两种工艺的共同缺点是设备成本高、工艺参数需要严格控制、喷嘴设计复杂。这两种工艺虽然相似，但又各有优缺点，主要表现在：对于气辅助，排气会导致表面质量问题；而对于水辅助，由于水的性质，需要考虑更多的问题，例如如何确定合适的水温、水压、流量，以及在熔体内部流动的水对材料结晶淬火和成型零件性能的影响。与气辅助相比，水辅助可以形成壁厚更薄、壁厚更均匀的中空制品，节省更多的原材料，产品内表面的质量控制也比气辅注塑好很多。

这两种工艺几乎广泛应用于日用塑料制品、家具行业、玩具行业、家电行业、汽车工业等领域。其中，特别适用于中空制品，厚壁、薄壁（由不同厚度截面组成的零件）和扁平结构的大型零件，例如把手等。

6.2 3D 复印的原理与工艺

塑料在旋转螺杆的输送作用下沿螺杆槽不断向前移动。在运动过程中，塑料在外界加热和螺杆剪切热的共同作用下逐渐软化，最终变成熔融黏稠流。在螺杆头部的熔体有一定的压力，这个力将螺杆推回，但是螺杆能否回程以及回程速度的大小，取决于螺杆回程时附加阻力的大小，如各种摩擦阻力和注射缸工作油回油阻力等。当螺杆返回到某个位置，即预成型计量完成后，螺杆停止工作，为下一次注射做好准备。随后，当模具再次合上时，螺杆在气缸推力的帮助下，轴向移动，将储存熔体注射到前端。因此，注塑机螺杆在循环操作条件下连续工作，其塑化过程由两个主要部分组成。

第一阶段是短暂的挤压过程。螺杆旋转和后退的距离（对应于螺杆旋转时间）由所需的注射量决定。对此，可以认为螺杆在一个可伸缩的机筒内旋转，塑化过程中螺杆的缩回转化为机筒前部储料腔的伸长。注射螺杆旋转过程中的熔体机理就类似于通常的挤出过程。

第二阶段是螺杆静止时。当螺杆再次旋转时，增厚的熔膜会逐渐被刮入熔池中，固定床与熔膜的界面会恢复到原来的分布。

在上述螺杆的循环转动过程中，螺杆的轴向运动同时发生。因此，决定注射螺杆熔融性能的是螺杆的循环旋转和静止、螺杆轴向运动的交替作用。前者决定了塑料熔融状态在螺杆槽内的分布，后者对塑料熔融过程的扰动起很大作用。

6.2.1 3D 复印物理模型的建立

对挤出和注射螺杆的槽内塑料熔融状态取样，证明注射螺杆具有瞬时熔融特性

(图 6.10)。

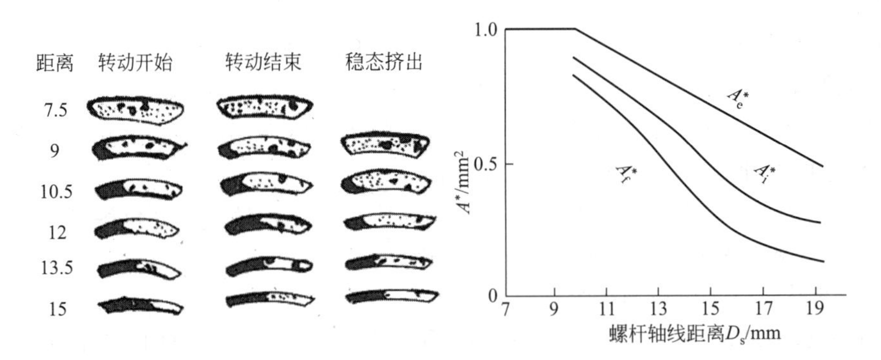

图 6.10 注塑螺杆熔化特性

挤出机螺杆中熔融的物理模型描述了材料在稳定挤出状态下的熔融过程，即当螺杆旋转足够长的时间时，塑料从固相转变为熔融状态。挤出机的挤出量、螺杆头部材料的熔体温度和压力，在稳定的挤出状态下都会保持恒定，例如对于螺杆槽的任何给定横截面，未熔融固相的面积 A^* (或宽度 X) 和熔融膜的厚度 δ，也必须保持在一个固定值。然而，注射螺杆是间歇工作的，除了旋转塑化外，它还必须停留一段时间。在此保压时间内，塑料在机筒的传热作用下继续熔化，使原来的熔膜变厚，而固定床面积则相应减少。当螺杆再次旋转时，δ 逐渐变薄，固定床面积相应增加。如果旋转时间足够长，熔膜在稳定挤出时会恢复到原来的厚度。但注塑螺杆的塑化工作时间一般较短，而且对于一定的螺杆槽段，塑料的熔融过程即为固定床区面积由 A_i^* 转变为 A_f^* 的过程 (图 6.11)，其面积一般小于螺杆稳定挤出状态时的面积。在一个注射周期中，螺杆上的熔体分布是瞬态值，是时间的函数。Z 处螺旋槽在时间 t 时的固体床面积为

$$A^* = A_e^* - [(A_f^* - A_i^*)/(1-e)^{-\beta Nt}]e^{-\beta Nt} \tag{6.10}$$

式中 t——螺杆旋转时间，$0 \leqslant t \leqslant t_R$，$t_R$ 为螺杆从开始转动到停止转动的时间；

N——螺杆转速；

A_e^*——熔体稳态分布时固定床的面积；

A_i^*——螺杆旋转开始时固定床的面积；

A_f^*——螺杆停止转动时固定床的面积；

β——材料在相似平衡下的熔化速率，与流变性质和热物理性质相关的参数，并通过实验确定。

图 6.11 中，从 A_f^* 到 A_i^*，所需要的热量通过逐渐增厚的熔膜从加热的筒体传递到固定床和熔膜的分界面上，这是移动边界传热和相变条件下的传热问题。

在上述分析中没有考虑螺杆轴向运动引起的熔体滞后效应。

机器工作时，在进筒口进行冷却，进入加热段的塑料并没有立即实现熔化，而是滞后一段时间 (或一段距离)，直到形成熔膜，熔化机制才开始实现。这种材料开始加热和熔化不同时发生的现象称为熔化滞后。滞后的长度通常通过经验比较或通过实验方法确定。

图 6.12 为螺杆轴移位位置示意图。取 L_1 为螺杆回退时开始加热的位置点，L_1^* 为对应物料的坐标位置点，L_2 为螺杆前移时能到达 L_1 处的位置点，L_2^* 是 L_2 对应物料的位置

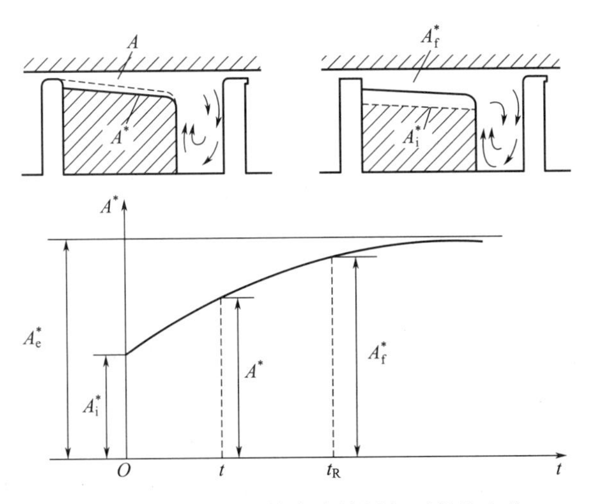

图 6.11　注入螺杆槽内未熔固相面积的变化

点，当螺杆注射到前端时（即 L_2 至 L_1 处），再进行转动塑化，则螺杆退回距离为

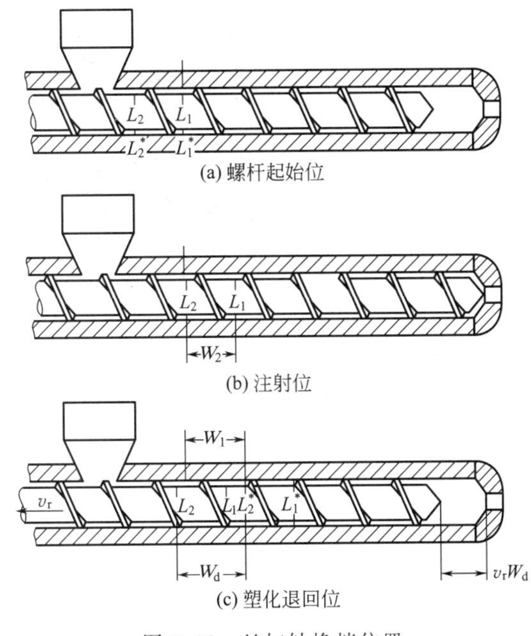

(a) 螺杆起始位

(b) 注射位

(c) 塑化退回位

图 6.12　丝杠轴换挡位置

$$S=v_r T_d \tag{6.11}$$

L_2^* 相对于 L_2 的距离，即滞后长度为

$$W_d=v_P T_d \tag{6.12}$$

L_2^* 相对于 L_1 的距离为

$$W_1=(v_P-v_r)T_d \tag{6.13}$$

式中　T_d——螺杆旋转距离；

v_r——螺杆旋转过程中轴向移动速度；

v_P——轴向固体床运动速度。

可以看出，熔体滞后端会在整个塑化周期发生变化，从而使熔体过程更加复杂。在稳定挤压过程中，螺旋槽内的材料仅受切向速度（$v_b = \pi D_s N$）的影响。除此之外，注射螺杆还受到塑化和回缩时的轴向运动速度 v_r 与注射过程中的注射速度 v_i 的影响，这些都会影响熔体模型。

由图 6.13 可以看出，随着螺杆轴向移动速度 v_r 变化，熔体中的速度分布为

$$v_{bx} = v_b \sin\theta - v_r \cos\theta \tag{6.14}$$

$$v_z = v_b \cos\theta - v_r \sin\theta \tag{6.15}$$

式中　v_{bx}——熔体 x 轴向速度；

　　　v_z——熔体 z 轴向速度。

结果，将发生对黏性耗散（剪切热）的影响，导致熔体速率降低。

注射速度的骤然变化，会产生相当大的错流和反相流，并且螺杆停止旋转时施加在被输送物料上的压力会逐渐消失，因此压力场在整个塑化周期中呈周期性变化，可能会导致压实的固定床内气体爆发。注射过程中的错流将固定床从螺旋槽的背面拉向螺纹的推力侧，使固定床在螺旋槽中改变位置，促使固定床提前解体（图 6.14）并导致熔体效率降低。

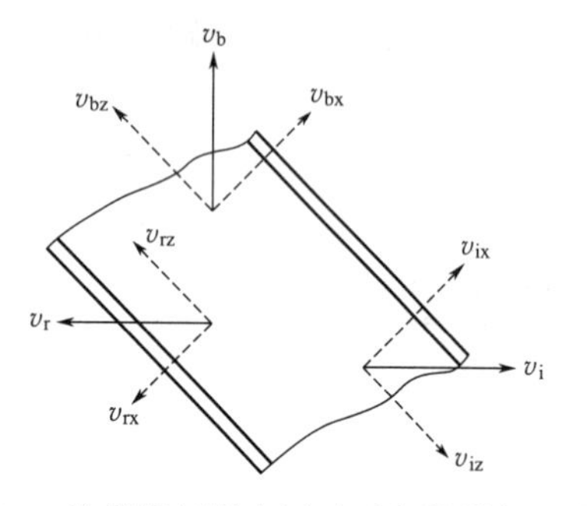

图 6.13　注射螺杆轴向运动引起的附加流动速度

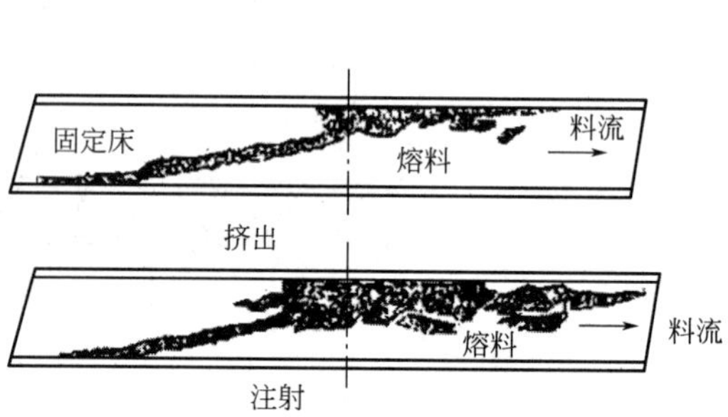

图 6.14　螺旋槽内固定床的位置变化

6.2.2　3D 复印产品塑化质量的影响

注塑螺杆的熔体过程是一个不稳定的过程，主要表现为熔体效率不稳定，塑化后的熔体存在较大的轴向温差（图 6.15 和图 6.16），尤其是后者，直接关系到制造零件的质量。

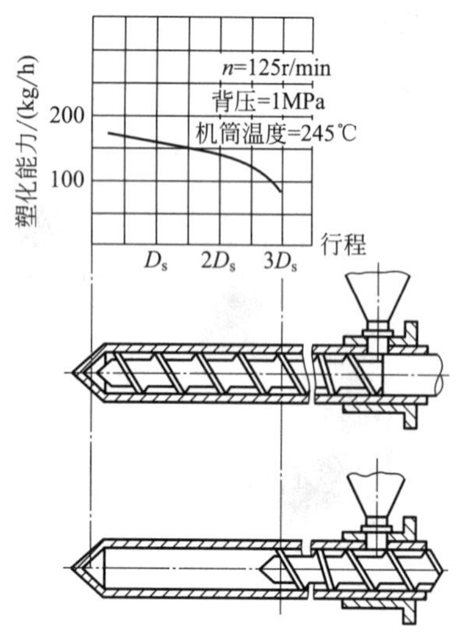

图 6.15　螺杆塑化能力与行程

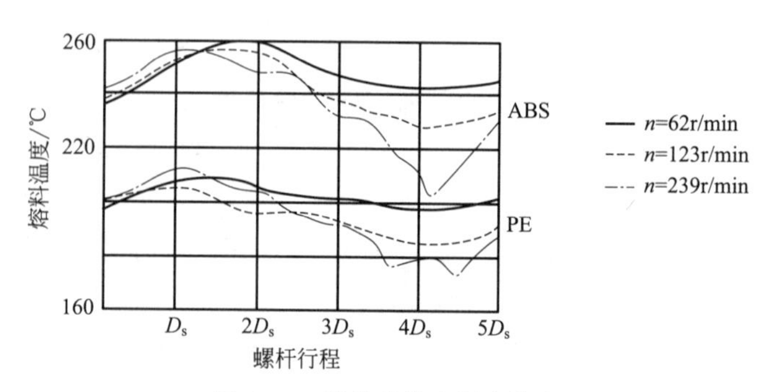

图 6.16　熔体的轴向温度分布

从熔化机理和实验分析来看，影响熔体轴向温差的主要因素如下：

① 树脂性能：对于黏度高、热物理性能差的树脂，温差较大；

② 加工条件：螺杆转速高、行程大、机筒背压低、机筒全长温差大，温差较大；

③ 螺杆长度及元件：对于小长径比和小压缩比的普通螺杆，温差大。

因此，为在设计中保证塑化质量（减少轴向温差），对于普通注塑螺杆，其转速一般不超过 30r/min，行程不超过 $3.5D_s$。

当螺杆旋转时，如果工作油回油阻力（俗称螺杆背压）发生变化，即塑化时螺杆头部的压力发生变化，将导致塑性流动条件发生变化。螺纹槽内，塑料的塑化度可以相应调整。螺杆背压对螺杆塑化能力和塑化温度的影响如图 6.17 所示。提高背压可提高熔体均质化，降低温差，但熔体温度升高，螺杆的输送能力会降低。在不影响成型周期的情况下，尽可能使用较低的螺杆转速，这样可以轻松保证塑化质量。

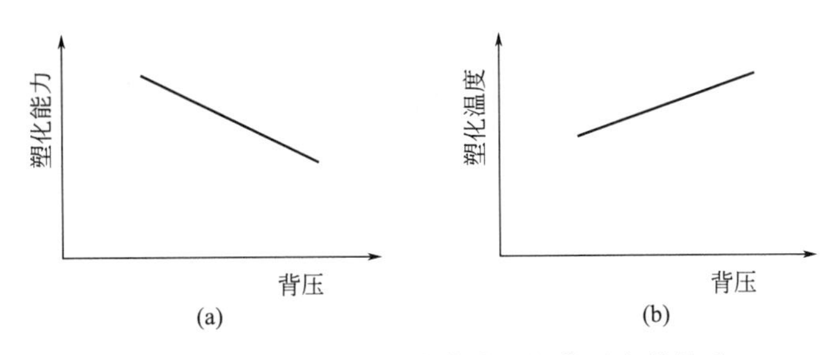

图 6.17　螺杆背压与塑化能力和塑化温度的关系

因此，解决注射螺杆熔体轴向温差大的最有效方法是设计新型注射螺杆，实现工艺参数（螺杆转速和背压）的有效控制和调节。

6.2.3　3D 复印过程的控制

影响注塑制品质量的工艺条件可分为压力、温度和时间三大类，包括注射压力、背压、螺杆转速、注射速度、机筒温度、保压时间、多段控制、冷却时间和零件的顶出。为了获得高性能和高精度的注塑制品，模腔内材料参数（*PVT* 参数）的直接测量和控制已成为研究的热点。

在“工业 4.0”背景下，以智能传感为基础，以大数据为载体，通过成型装备与智能制造、云终端的融合，将进一步提升智能化应用水平，“3D 复制”将进一步完善。智能化程度主要体现在三个方面：

① 自动化程度，如自动换模、自动供料、自动取件、自动修边等；

② 集中控制和集中管理，如集中供料、集中供水供电、多台设备共享换模车、无人注塑车间等；

③ 大数据和信息平台，如注塑机集团与制造商和客户的信息交换、自动诊断和控制、远程诊断和控制、产品信息追溯系统等。

通过实时在线监测熔体温度（T）、压力（P）和模腔内比体积（V）（图 6.18），自动识别环境条件变化或黏度变化引起的工艺波动，并与成型产品质量标准的工艺路径进行比较，如果出现偏差，程序将根据聚合物熔体的 *PVT* 特性自动调整并采取相应的对策，可显著提高产品的重复率，降低废品率，真正实现注射的在线诊断和自愈调节。

很多注塑机制造商还在设备中添加了产品信息追溯系统，记录所有与质量相关的加工数据，如加热曲线、注射压力、模腔压力曲线等，生成相应的二维码，然后通过 3D 打印或激光雕刻打印在每件产品上，为每件产品设置一个“身份 ID”。如图 6.19 所示，客户可以通过手机、平板或台式机在全球范围内查询和跟踪各部分的加工数据。

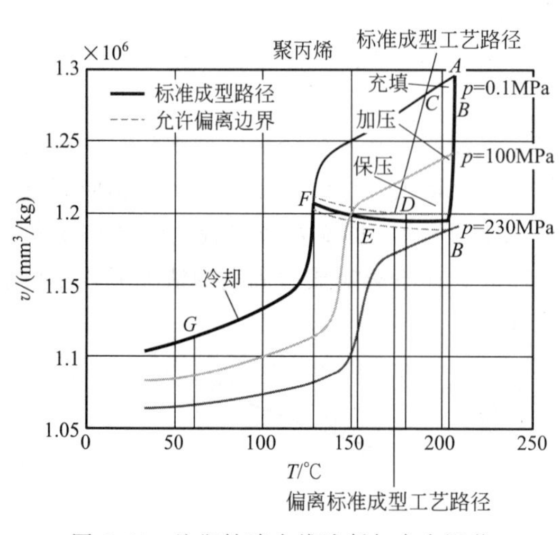

图 6.18　注塑缺陷在线诊断与自愈调节

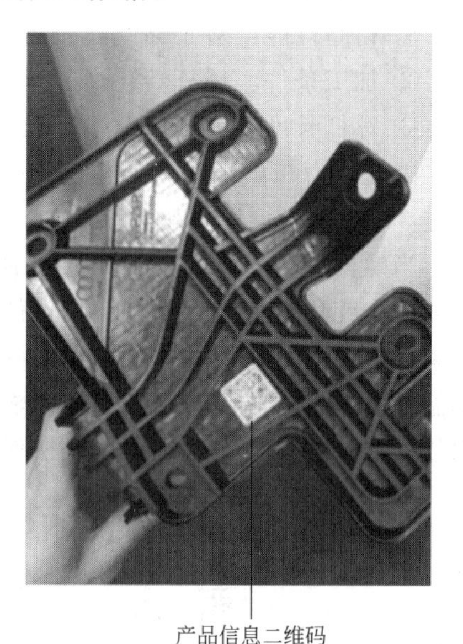

图 6.19　产品质量标识 ID

6.3　3D 复印装备

6.3.1　注射系统参数

注射系统的主要参数及计算如下。

（1）理论注射量 V_i

注射时螺杆（或柱塞）所能排出的理论最大体积称为机器的理论注射量。理论注射量是衡量注射机大小的重要指标，可通过下式计算

$$V_i=\frac{\pi}{4}d_s^2 S_{imax} \tag{6.16}$$

式中　d_s——螺杆直径，mm；

S_{imax}——螺杆最大注射行程，mm。

（2）注射质量 W_i

机器在无模运转（空射）时，可从喷嘴射出的树脂的最大质量称为机器的注射质量。从定义上看，注射质量应等于理论注射量乘以熔体密度，但考虑到注射过程中熔体密度变化以及回流等因素，引入密度修正系数 α_1 和回流修正系数 α_2，统称为喷射修正系数 α，然后按如下公式计算注射体积

$$W_i=\alpha\rho V_i=\alpha_1\alpha_2\rho V_i \tag{6.17}$$

式中　ρ——熔体密度 g/cm^3。

（3）注射压力 p_i

注射压力定义为注射时螺杆头部对熔体的最大压力，也是螺杆给予熔体的最大压力，因此可以通过注射油缸中工作油的压力 p_0 来计算

$$p_i=\frac{A_0}{A_s}p_0 \tag{6.18}$$

式中　A_0——注射筒的有效截面积，mm^2；

A_s——枪管孔的横截面积，mm。

（4）注射速率 q_i

注射速率表示单位时间内从喷嘴喷出的熔体量，其理论值是机筒截面与速度的乘积

$$q_i=\frac{V_i}{t_i}=\frac{\pi d_s^2 S_{imax}}{4t_i} \tag{6.19}$$

式中　t_i——注射时间，s。

（5）塑化能力 Q_s

注射系统的塑化能力是指注射系统单位时间内可塑化的物料质量，等于螺杆均化段的熔体输送能力

$$Q_s=\beta d_s^3 n_s \tag{6.20}$$

式中　β——塑化因子，取决于材料；

n_s——螺杆转速，r/min。

此外还有：

螺杆的长径比 L/d_s：注射螺杆螺纹部分的有效长度与其外径的比值。

注射功率 N_i：螺杆推进熔体的最大功率，单位为 kW。

注射座推力 P_n：当注射喷嘴压在模具上时的压力，单位为 N。

机筒加热功率 T_b：机筒加热元件在单位时间内提供给机筒表面的总热能，单位为 kW。

6.3.2　注射系统设计

在注塑机的工作过程中，注射装置主要实现塑化计量、注射保压和补缩三大功能，是聚合物熔体塑化的核心，决定了塑料熔体的均匀性，进而决定了产品的质量。目前应用最为广泛的螺杆注射系统，主要组成包括料斗、注射螺杆、机筒、喷嘴等部件。其设计的基本要求为：

① 一定量的熔料能在规定时间内均匀塑化注入；

② 可根据产品的尺寸结构，在注射规格范围内调整注射速度和注射压力；

③ 注射系统的结构设计主要包括注射螺杆、机筒、喷嘴的设计等。

（1）螺杆的结构设计

注射螺杆由安装部分、螺纹段和螺杆头组成。

① 螺纹段设计：普通注塑螺杆的螺纹段为三段式（图 6.20），即加料段、压缩段（熔融段）和均化段（计量段）。各段的主要参数包括各段的长度、螺槽的深度、螺距等。这些几何参数的不同会对聚合物的熔体塑化计量产生影响，进而影响聚合物的熔融塑化计量，影响产品质量。

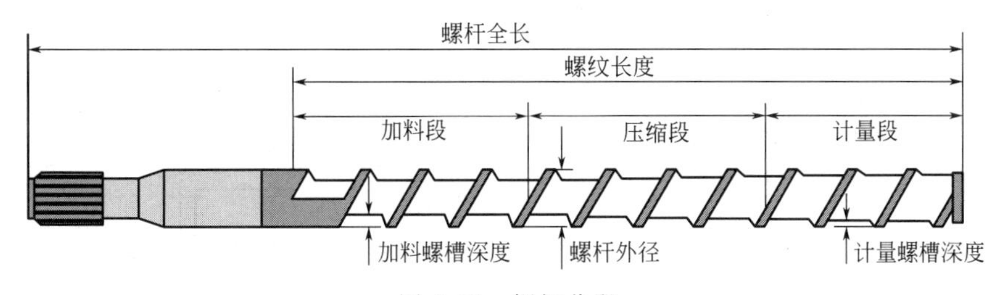

图 6.20　螺杆分段

② 螺杆头设计：与挤出机不同，注射机的注射过程是间歇性的，注射螺杆有轴向运动，因此注射螺杆更容易出现熔体倒排问题，尤其是在成型低黏度材料时。因此在设计注射螺杆时，必须设计螺杆头以防止熔体回流。

ⅰ.平头螺杆头，如图 6.21 所示。其特点是锥角小或螺纹螺头安装后与机筒间隙小（图 6.22），能很好地防止高黏度材料的回漏，所以主要适用于高黏度或热敏性塑料，如 PVC。

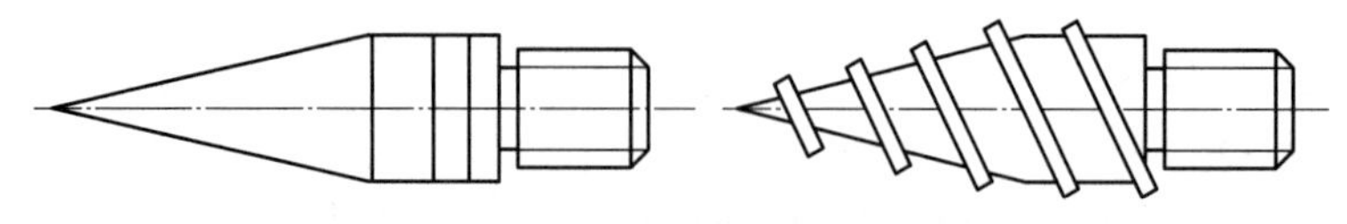

图 6.21　平头螺杆头

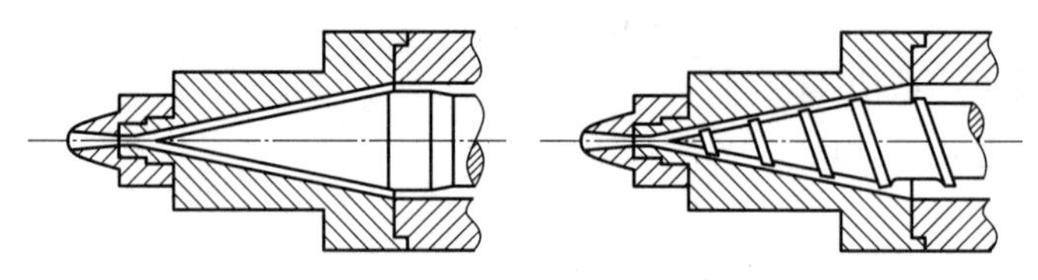

图 6.22　平头螺杆头安装后截面图

ⅱ.钝头螺杆头，如图 6.23 所示，类似于活塞，主要用于成型 PC、PMMA 等透明度要求较高的塑料。

ⅲ.单向螺杆头，如图 6.24 所示，它的应用最广。它采用了单向环的结构，其工作原理类似于单向阀。预塑时，螺杆旋转，从螺杆槽中出来的熔体，由于一定的压力，顶出止回环，形成图 6.24 下侧的状态，熔体进入前面的储料室螺杆头末端；注射时螺杆向前移动，直到螺杆锥面接触止回环右端，形成图 6.24 上侧的结构，从而防止熔体回漏，多用于低黏度的加工塑料。

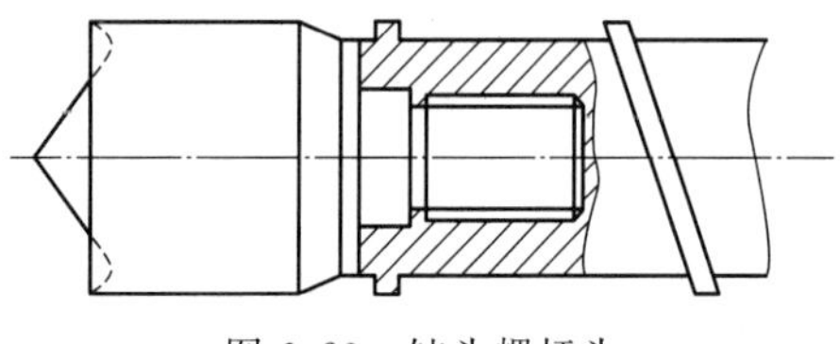

图 6.23　钝头螺杆头

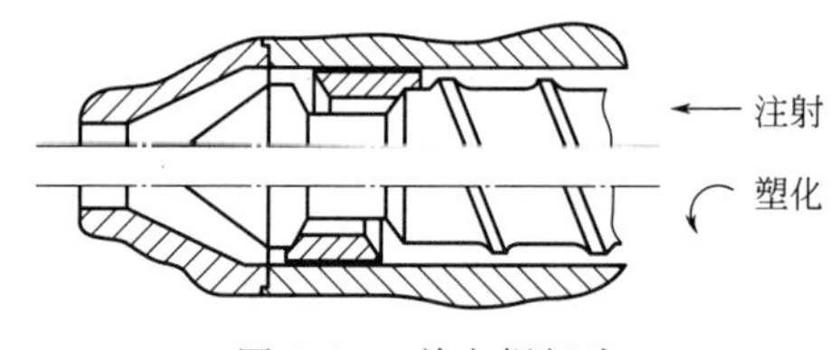

图 6.24　单向螺杆头

ⅳ.环形螺杆头（图 6.25），其中止动环与螺杆有相对旋转，适用于中低黏度塑料。

ⅴ.爪形螺杆头（图 6.26），通过开槽结构限制止动环的转动，避免了螺杆与止动环之间的熔体剪切过热，适用于中低黏度塑料。

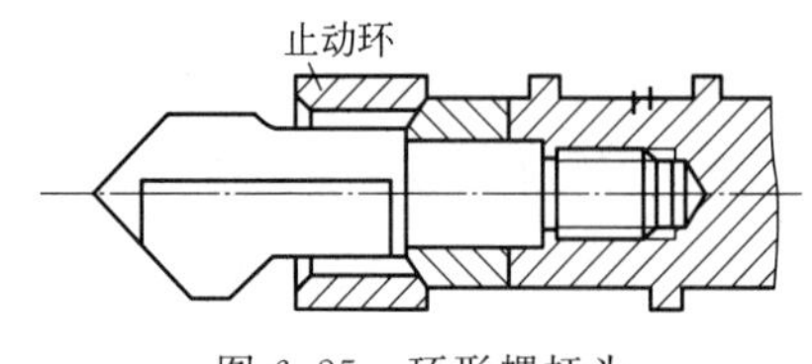

图 6.25　环形螺杆头

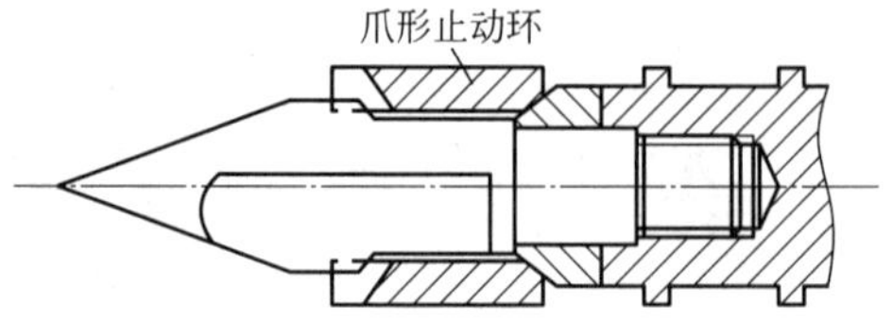

图 6.26　爪形螺杆头

ⅵ.滚珠螺杆头（图 6.27），在止动环与螺杆之间利用滚珠，使止动环与螺杆进行滚动摩擦。这种结构有快速斜升、准确注射、延长使用寿命等特点，适用于中低黏度塑料。

ⅶ.销式螺杆头（图 6.28），在螺杆头上带有一个混合销，用作进一步的均质器，适用于中低黏度塑料。

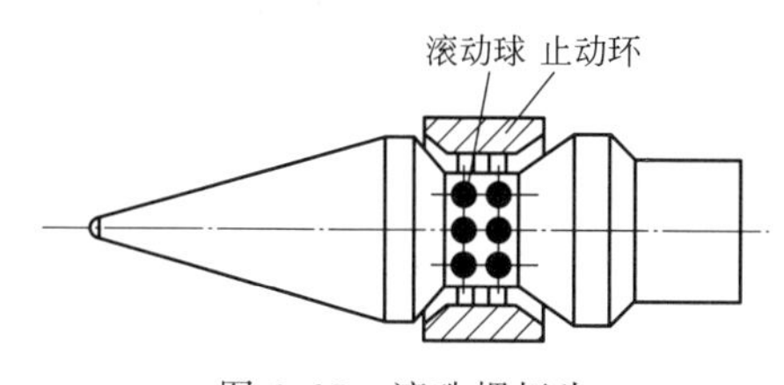

图 6.27 滚珠螺杆头

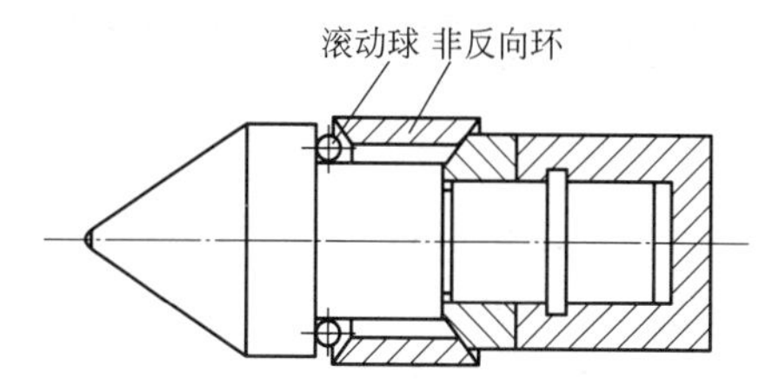

图 6.28 销式螺杆头

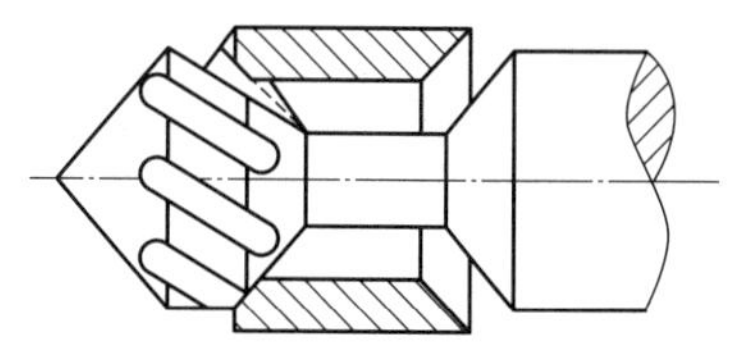

图 6.29 分流型螺杆头

ⅷ.分流型螺杆头（图 6.29），螺杆头上有一个斜槽，用于进一步均质化，适用于中低黏度塑料。

一个好的单向螺杆头应灵活开合，以防止最大的熔体回流，因此对其设计有以下要求：止动环与丝杠的配合间隙要合适，间隙太大会增加回漏，间隙太小会影响柔韧性；螺杆头应确保预塑期间有足够的流动横截面；螺杆头应通过反螺纹与螺钉连接。

上述通用螺杆虽然应用非常广泛，但其塑化效果并不能满足精密注塑的要求，为了提高塑化质量，一些挤出机的螺杆结构也用于注塑机，如分离螺杆（图 6.30）、阻隔螺杆（图 6.31）等，均通过特殊结构将固液相分离，使固相更好地熔融。

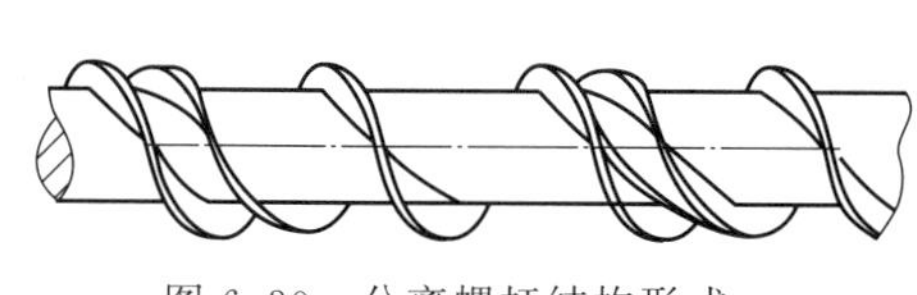

图 6.30 分离螺杆结构形式

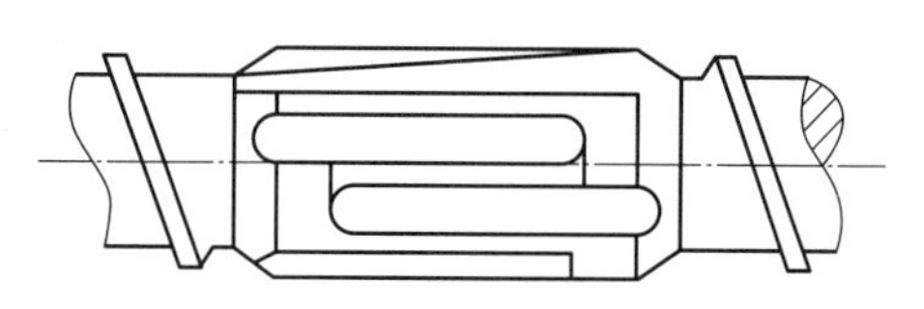

图 6.31 阻隔螺杆结构形式

场增效螺杆可以有效地提高速度场和热流场的协同作用，达到增强传质传热、提高熔体塑化质量、提高熔体温度均匀性的目的。积木式测试螺杆和新型增强传热结构如图 6.32 所示，使用 FDM 3D 打印机打印的不同螺杆结构和组装螺杆如图 6.33 所示。

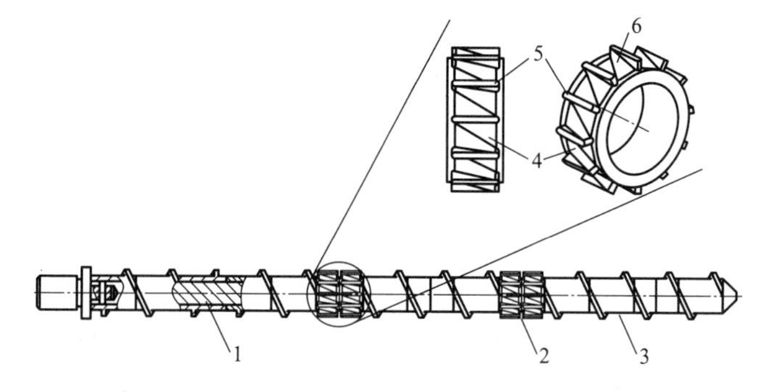

图 6.32 积木式测试螺杆和新型强化传热结构

1—螺杆芯轴；2—新的强化传热结构；3—普通螺杆结构；4—分体式凹槽；5—劈肋；6—扭转 90°表面

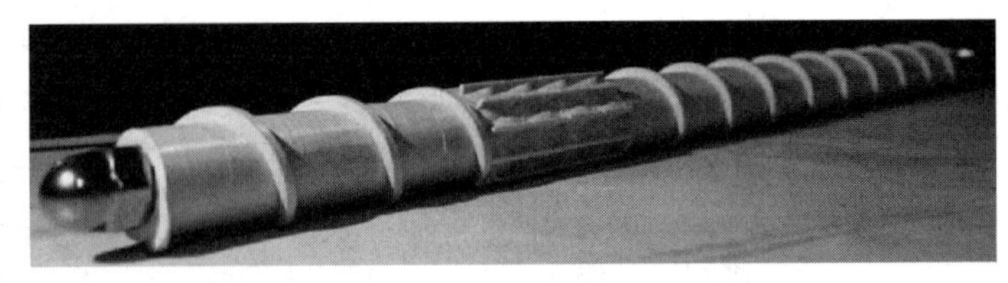

图 6.33　3D 打印不同配置的螺杆元件（左）和组装好的积木螺杆（右）

（2）机筒的结构设计

机筒是注射系统的另一个重要组成部分，它与料斗和注射座相连，里面是螺杆，外面是加热元件。机筒主要包括三种结构形式。

① 整体式：其特点是机筒受热均匀，精度容易保证，特别是装配精度。缺点是内表面难以清洁和修复（图 6.34）。

② 衬套组装式：衬套组装式的特点是筒体分段后易清洗和修理，夹套可以用更便宜的碳钢制成，节省成本；但比整体式更难组装，精度等级也较低（图 6.35）。

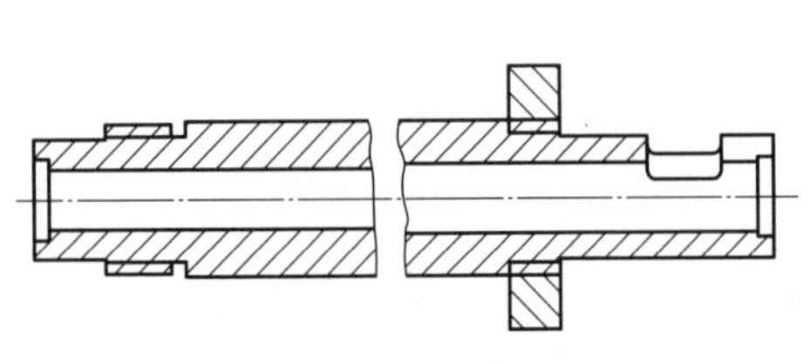

图 6.34　整体式机筒

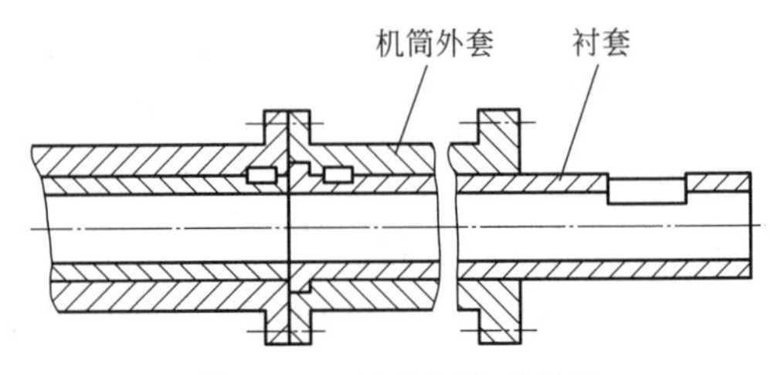

图 6.35　衬套组装式机筒

③ 铸造式：其特点是铸造合金层与外筒结合牢固，耐磨性高，使用寿命长，节约成本（图 6.36）。

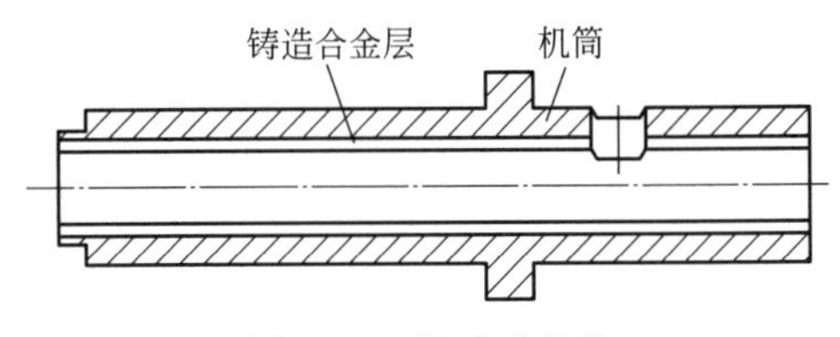

图 6.36　铸造式机筒

其结构设计主要包括以下几个方面。

① 加料口：目前 3D 复印机注射系统大多采用自重加料，因此，桶状加料口的设计应尽可能提高塑料的输送能力。充电口有两种广泛使用的形式：对称式和偏置式，如图 6.37 所示。在输送效率方面，偏置式略优于对称式。

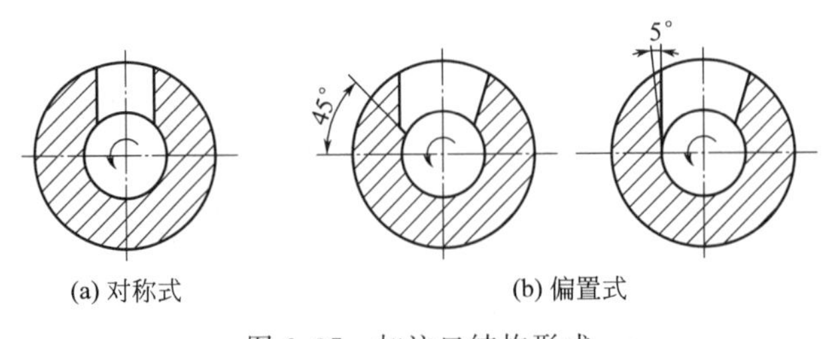

图 6.37　加注口结构形式

② 机筒与螺杆的间隙：为防止物料回漏，影响塑化质量，机筒与螺杆的间隙一般很小，但为了便于装配和降低螺杆动力消耗，此游隙不宜过小，根据经验一般取（0.002～0.005）d_s，设计可参考表 6.1 中的经验数据。

表 6.1　机筒和螺杆间隙值　　mm

螺杆直径	≥15～25	>25～50	>50～80	>80～110	>110～150	>150～200	>200～240	>240
最大径向间隙	≤0.12	≤0.20	≤0.30	≤0.35	≤0.45	≤0.50	≤0.60	≤0.70

除满足上述范围外，三种通用螺杆段的游隙值不同。螺杆均化段需要更严格的游隙值，因此游隙更小，设计上应尽量满足

$$\delta_1<\delta_2<\delta_3$$

式中　δ_1，δ_2，δ_3——螺杆均化段、熔融段、加料段与机筒之间的间隙。

③ 机筒内外径及壁厚：机筒需要内装螺杆，外装加热元件。因此，机筒的壁既不能太厚也不能太薄。太厚不仅体积大，而且影响传热；太薄容易出现强度问题，而且由于热容量小，难以获得稳定的温度条件。考虑到热容量和热惯性的问题，机筒的内、外径一般按下式选择

$$\frac{D_0}{D_b}=K \tag{6.21}$$

式中　D_0——筒体外径；

D_b——筒体内径；

K——经验系数，一般取 2～2.5。在强度方面，K 也需要满足

$$1-\frac{1}{K}\geqslant\frac{1}{2}\sqrt{\frac{[\sigma]}{[\sigma]-\sqrt{3}p_i}-1} \tag{6.22}$$

式中　$[\sigma]$——材料的许用应力。

结合以上两点分析，可以取一个合适的 K 值。已知螺杆与机筒的间隙很小（$0.002d_s$～$0.005d_s$），所以 d_s 的值可以作为机筒内径 D_b 计算，然后由式(6.21) 求 D_0，最后求出筒体壁厚 δ。

机筒与前料筒的连接不是直接连接，而是通过前料筒等过渡部分连接，如图 6.38 所示。机筒与前料筒的连接要求密封严密，常见的连接形式有 3 种。其中螺纹连接容易拆卸，但长期使用会使螺纹变形松动，造成溢流，所以这种结构多用于小型注塑机。相对而言，法兰连接的密封性更好，使用寿命更长，因此可用于中小型注塑机。大型注塑机多采用法兰-螺纹复合连接，结合了以上两种结构的优点。

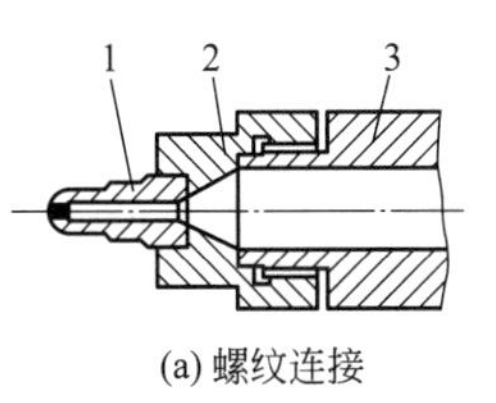

(a) 螺纹连接

1—喷嘴；2—前料筒；3—机筒

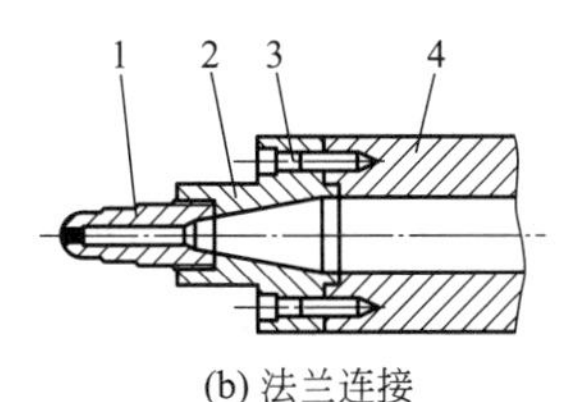

(b) 法兰连接

1—喷嘴；2—前料筒；3—螺栓；4—机筒

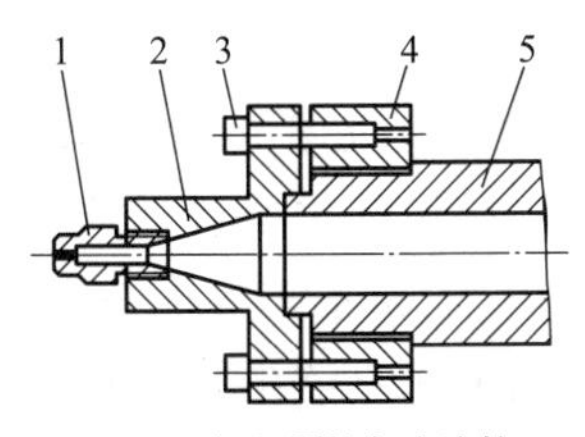

(c) 法兰-螺纹复合连接

1—喷嘴；2—前料筒；3—螺栓；4—法兰；5—机筒

图 6.38　机筒与前料筒的连接形式

如图 6.39 所示，螺杆采用柱塞式形式，边旋转边推进。这样的结构具有良好的均质化效果，可以产生更短的保压时间，并且注塑件的重复精度大大提高，在微注塑领域有很好的前景，但总的来说，机筒结构上的创新改进不多。

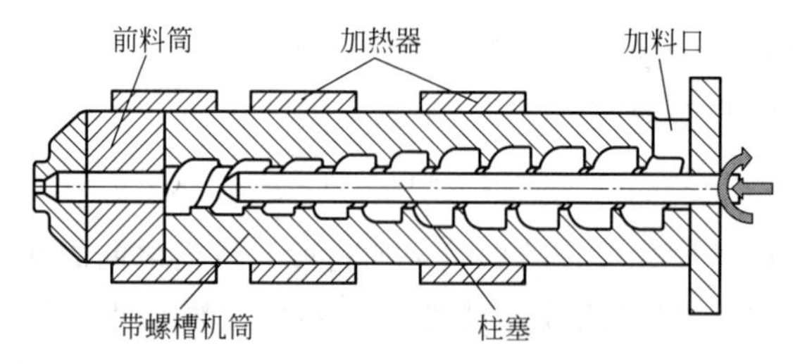

图 6.39　新型 IKV 注塑塑化系统

（3）喷嘴的结构设计

喷嘴是连接注射系统和合模系统的重要部件。随着喷嘴从进口到出口逐渐变小，在螺杆的压力下，熔体流过喷嘴，剪切速度明显增加，压力增加，部分压力损失会进一步升高温度，进一步提高均化效果。在保压时，喷嘴还需要填充材料以弥补收缩，再加上喷嘴需要与模具主流浇口套紧密贴合，这些都使得喷嘴的设计非常重要，其精度要求非常高。正因为如此，喷嘴通常是单独设计的，而不是与前料筒整体设计。

喷嘴结构的常见形式有开放式喷嘴、锁定式喷嘴和专用喷嘴。

① 开放式喷嘴。其流道一直处于打开状态，如图 6.40 所示。其压力损失小，收缩效果好，但易形成冷料和“口水”现象，所以主要用于厚壁成型制品，加工热稳定性差，塑料黏度高。

② 锁定式喷嘴。其利用流道锁定结构来防“口水”，如图 6.41 所示。锁定可以通过弹簧等结构实现，注射时利用熔体将顶针压开锁定。这种结构比较复杂，多用于加工低黏度塑料。

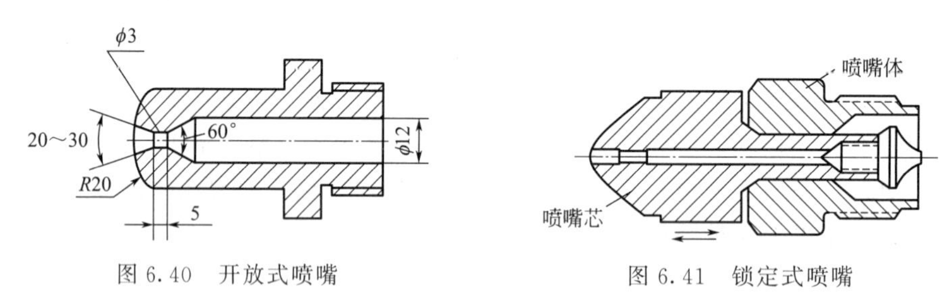

图 6.40　开放式喷嘴　　图 6.41　锁定式喷嘴

③ 专用喷嘴。主要是指为增强塑化和提高混合均匀性而设计的特殊结构喷嘴。

喷嘴的结构设计主要包括喷嘴直径和喷嘴球面半径的设计。

喷嘴直径 d_n 是指喷嘴流道出口处的孔径（即熔出的最小孔径），因此它与熔体注射压力、剪切热和填充收缩率直接相关。其设计按下式计算

$$d_n = k_m \sqrt[3]{q_i}$$

式中，q_i 为喷射速率，cm^3/s；k_m 为塑料性能指标，热敏、高黏度材料为 0.65～0.80，一般塑料为 0.35～0.4。

喷嘴球面半径根据拉杆有效距离取值，见表 6.2。

表 6.2 喷嘴球面半径的确定

球面半径 R/mm	拉杆有效间距/mm
10	200～559
15	560～799
20	800～1119
35	1120～2240

6.3.3 合模系统参数

(1) 合模力 P_{cm}

通常注射系统在通向模具的途中会损失部分熔体压力，但仍保留一部分熔体压力，称为型腔压力或膨胀力。合模力和注射质量一样，也是注塑机对产品成型能力的重要指标，通常在注塑机的规格书中注明，但注塑机规格书上注明的合模力是指到模具所能达到的最大合模力。

$$P_{cm} \geqslant 0.1 p_{dm} A \tag{6.23}$$

式中 p_{cm}——模腔的动态压力，Pa；

A——产品在分型面上的最大投影面积，mm^2。

(2) 顶出力 P_j

顶出力是顶出装置顶出产品的最大推力，经验公式为

$$P_j = C_j P_{cm} \tag{6.24}$$

式中 C_j——经验系数，取值在 0.02～0.03 之间，合模力大时经验系数取小。

此外还有：

开合模速度 V_m：开合模时单位时间内的最大行程。

移动行程 S_m：移动模板行进的最大距离。

顶杆行程 S_j：顶杆可以顶出产品的最大距离。

6.3.4 合模系统设计

合模系统的主要作用是保证模具的可靠开合和制品的顶出，所以合模装置的可靠性对制品的尺寸精度有很大的影响。合模装置主要由合模机构、拉杆、调模装置、顶出机构、固定模板和安全保护机构组成。其设计的基本要求是：能提供足够的闭合力；可靠的强度和刚度；结构合理，其设计应尽量使能源利用率最高。

(1) 合模机构的设计

合模机构最基本的结构形式有直压式和肘杆式。直压式如图 6.42(a) 所示，其中动模板一端为模具，另一端为活塞，通过液压推动活塞开合模具，而这种机构的设计只需要考虑强度等因素。肘杆式如图 6.42(b) 所示，这种机构的优点是具有放大力的作用，使模具锁定成自锁状态，可以使动模板实现慢-快-慢速特性。随着电动式结构的不断发展，合模机构的形式也得到了充分的扩展。目前合模机构按传动形式可分为四大类：全机械式（很少使用）、机械连杆式、全液压直压式、液压机械式，如图 6.43 所示。

在合模机构的设计中，直压式结构设计比较简单，其合模力 P_{cm} 与液压成正比，由液压直接驱动实现锁模。合模力公式为

$$P_{cm} = \frac{\pi}{4} D_0^2 p_0 \tag{6.25}$$

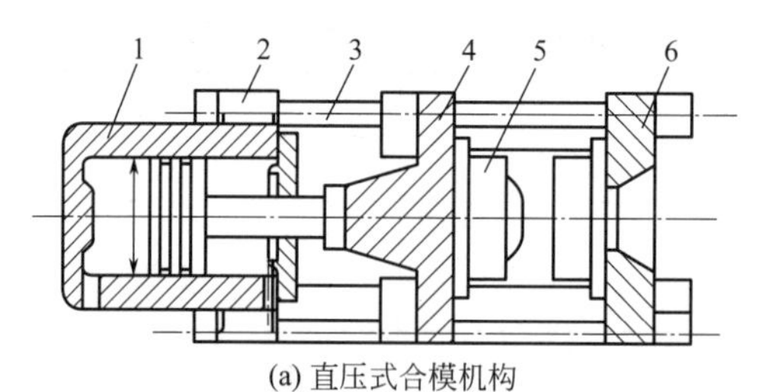

(a) 直压式合模机构

1—合模油缸；2—后模板；3—拉杆；4—动模板；5—模具；6—前模板

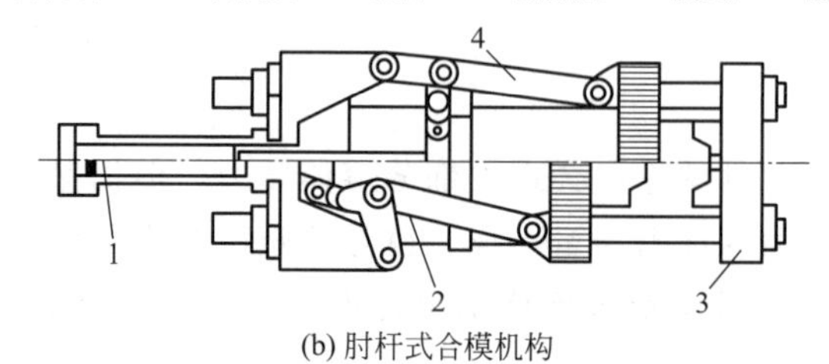

(b) 肘杆式合模机构

1—移模油缸；2—开模状态的肘杆位置；3—定模板；4—闭模状态的肘杆位置

图 6.42　夹紧机构形式

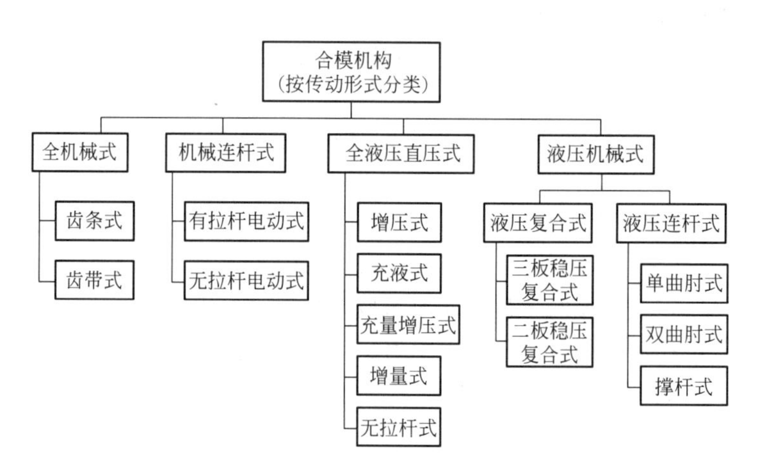

图 6.43　注塑机锁模机构按传动形式分类

式中　D_0——闭合圆柱的直径，m；

　　　p_0——工作油压，MPa。

但直压机构与肘杆式相比不具有力放大作用，所以工业上多采用肘杆式。从图 6.44 可以看出，在肘杆合闸机构运行过程中，拉杆存在一定的变形，其变形量 ΔL_p 为

$$\Delta L_p=\frac{P_{cm}L_p}{ZEF_p} \tag{6.26}$$

也可以改写为　　　$P_{cm}=ZC_p\Delta L_p$

式中　L_p——拉杆长度，m；

　　　F_p——拉杆横截面积，m^2；

　　　E——拉杆材料的弹性模量，Pa；

　　　Z——拉杆数量；

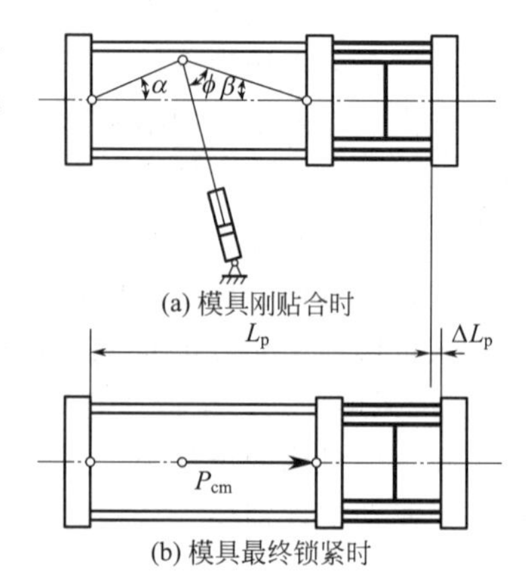

图 6.44　肘杆夹紧机构原理

C_p——拉杆刚度，$C_p=\dfrac{EF_p}{L_p}$，N/m。

肘杆机构最重要的特点是它具有放大力的作用，即当油缸的推力为 p_0 时，所产生的移模力 p_m 往往比它大得多，称两者之比为放大系数 M

$$M=\frac{p_m}{p_0}=\frac{\cos\beta\sin\phi}{\sin(\alpha+\beta)} \tag{6.27}$$

肘杆机构的设计问题很复杂，很难进行数学计算，所以现在都是借助各种软件，如MATLAB、ADAMS、ANSYS等，目前的设计一般按以下步骤进行。

① 弯头杆结构设计与选型：双弯弯头结构设计多种多样，按弯头铰接点数可分为四点式、五点式；按弯头排列方向分为斜排式和直排式；按弯头转向的方向可分为外翻式和内翻式，设计时可任选其一。

② 肘杆机构动力学分析：根据所选结构进行力学和几何分析，确定参数之间的数学关系，分析行程比、换挡速度、力放大等特征量的表达式，借助MATLAB分析几何参数与目标特征量的变化关系，确定几组略优的解。

③ 数值分析和运动仿真：将上述参数解和特征量输入MATLAB，用于分析与行程有关的动态模板速度、加速度、力放大比等特征量，而肘杆结构可以在ADMAS或ANSYS中建模，对结构进行动态分析，最终得到最优解。

肘杆机构的设计大致如上所述，但具体的设计形式也很多样，由于参数众多，相互影响也很复杂，实际设计过程必须根据不同的要求优化关闭机制。一般来说，关闭机制的设计要点如下：

① 确保模具安装、固定、调整可靠。

② 可根据合模要求进行快速开合模、低压低速安全合模和高压合模。

③ 满足强度和刚度要求。

④ 节能降耗。

(2) 顶出机构设计

顶出机构的设计与模具和制品的结构密切相关，按其顶出方式可分为推杆顶出、推板顶出等；按顶出原理可分为液压式和机械式。

① 液压顶出机构［图6.45(a)］，其顶出力来自动模板上的顶出液压缸，由于液压可以很好地调节并且可以自行复位，因此被广泛使用。

② 机械顶出机构［图6.45(b)］，利用顶杆、顶板等在开模时不动而动模板后退所形成的相对运动来脱模。这种结构虽然简单，但顶出力和复位不易控制，所以一般只用在小型设备上。

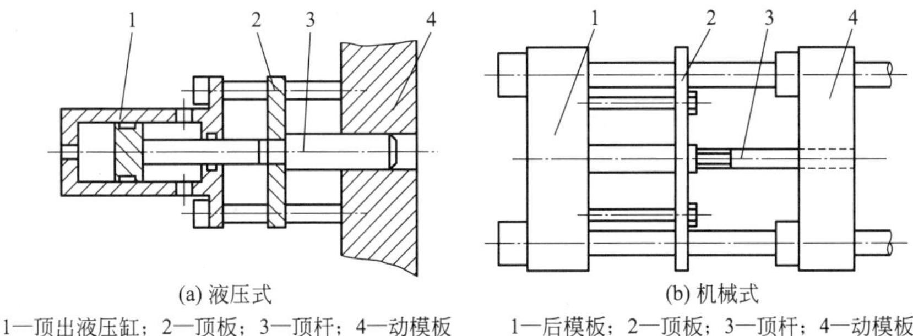

(a) 液压式
1—顶出液压缸；2—顶板；3—顶杆；4—动模板

(b) 机械式
1—后模板；2—顶板；3—顶杆；4—动模板

图6.45　顶出机构形式

（3）拉杆的设计

拉杆是模具系统运行中的重要承重部件，对动模板的运动也起导向作用，因此对整个模具系统的精确控制至关重要。拉杆按与模板的连接方式可分为固定式和可调式。

① 固定拉杆的结构如图 6.46 所示，两端用螺纹固定。固定结构虽然设计简单，但不能保证模具的安装精度，多用于小型设备。

② 可调拉杆结构如图 6.47 所示，可调节模板底座与动模板的平行度。虽然结构较复杂，但安装和运动精度能得到可靠控制，因此得到广泛应用。

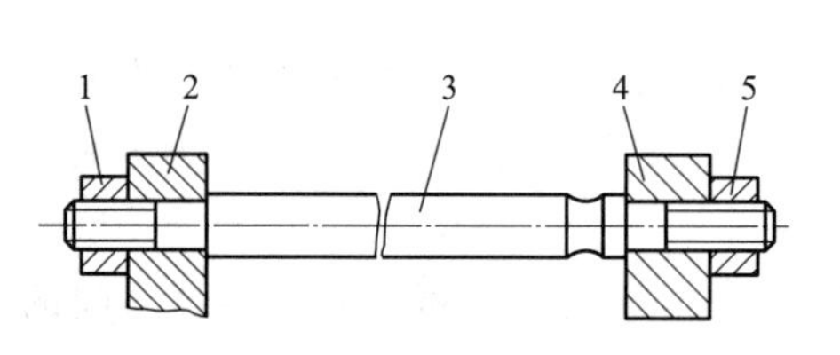

图 6.46 固定拉杆

1—后螺母；2—后模板；3—拉杆；4—前模板；5—前螺母

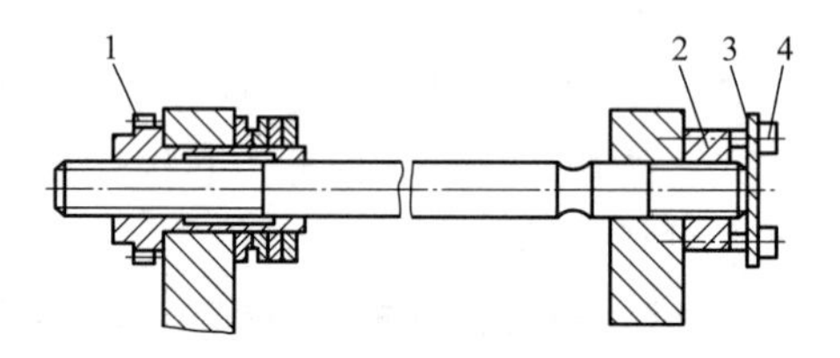

图 6.47 可调拉杆

1—后螺母固定件；2—前螺母；3—压板；4—螺栓

拉杆的结构设计除需满足强度和刚度要求外，还应充分考虑闭合结构的形式。其设计要点如下：

① 足够的耐磨性。拉杆起一定的导向作用，与动模板之间存在频繁的相对滑动，因此需要有足够的耐磨性。

② 注意消除应力集中。常在模厚段设有缓冲槽，以防止合模机构因过载而损坏，提高抗疲劳性。

（4）调模装置的设计

注塑机经常需要注射不同的产品，为了安装不同厚度的模具，扩大注塑机加工产品的生产范围，必须设置调整模板间距的装置，即调模装置。注塑机合模系统的技术参数中，有最大模具厚度和最小模具厚度。最大和最小模具厚度的调整由调模装置实现。该装置还可以调节夹紧力的大小。对于直压式合模机构，动模板的行程由分模缸的行程决定，调模是利用合模缸来实现的，调节行程应为模具行程的一部分。对于可动模板，无需另设调模装置。对于液压机械合模系统，由于弯头机构的工作位置是固定的，动模板的行程不能调整，因此必须设置单独的调模装置。

① 螺纹弯头调模装置如图 6.48 所示。使用该装置时，通过转动正反扣调节螺母来调节弯头杆的长度 L，实现模具厚度和合模力的调节。这种形式结构简单、制造容易、调整方便，但螺纹要承受合模力，合模力不宜过大，调节范围有限，多用于小注射成型机。

② 动板间大螺母式调模装置如图 6.49 所示，由左右两块动板组成，中间用螺纹连接。通过调节调节螺母 2 改变动板间的距离 H，从而实现模具厚度的调节和合模力的调节。这种形式调整方便，但需要增加模板长度和机器长度，多用于中小型注塑机。

③ 气缸螺母式调模装置如图 6.50 所示，这种结构是通过改变移模气缸的固定位置来调整的。使用时，转动调节手柄，转动调节螺母 2，合模缸 1 产生轴向位移，使合模机构沿拉杆前后移动，从而使合模厚度和合模力做相应调整。该种形式调整方便，主要适用于中小型注塑机。

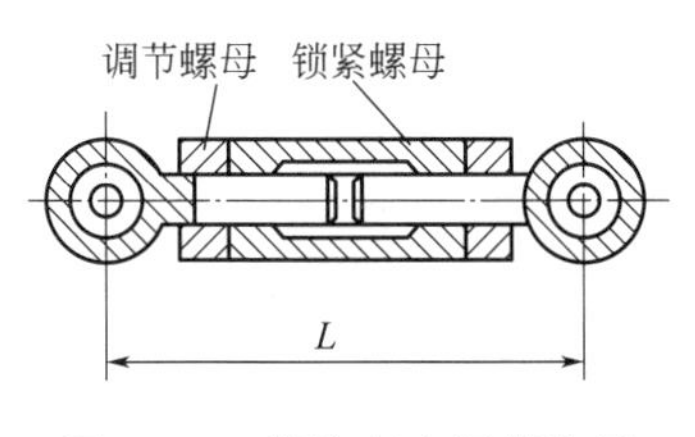

图 6.48 螺纹弯头调模装置

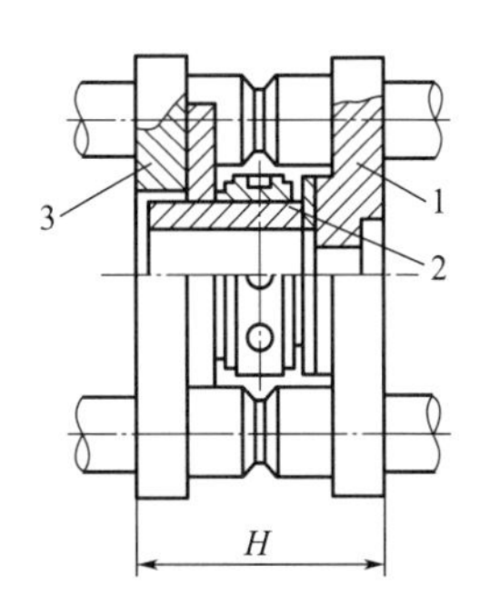

图 6.49 动板间大螺母式调模装置

1—右移模板；2—调整螺母；3—左移动模板

④ 大齿轮调模装置如图 6.51 所示。调模时，后模板随曲肘联动机构和动模板运动，四个后螺母齿轮在大齿轮的带动下同步转动，推动后模板和整个合模机构沿轴向位置移动，调整动模板与前模板之间的距离，从而调整整个模具的厚度和锁模力。这种调模装置结构紧凑，减少了轴向尺寸链的长度，提高了系统的刚性，安装调整更方便。但是其结构更复杂，需要更高的同步精度。

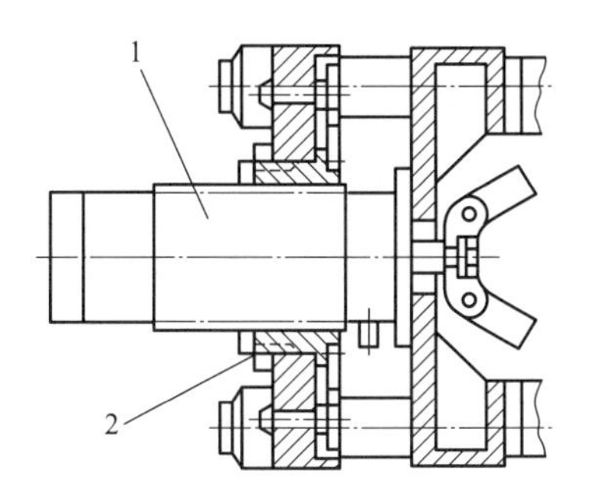

图 6.50 气缸螺母式调模装置

1—气缸；2—调节螺母

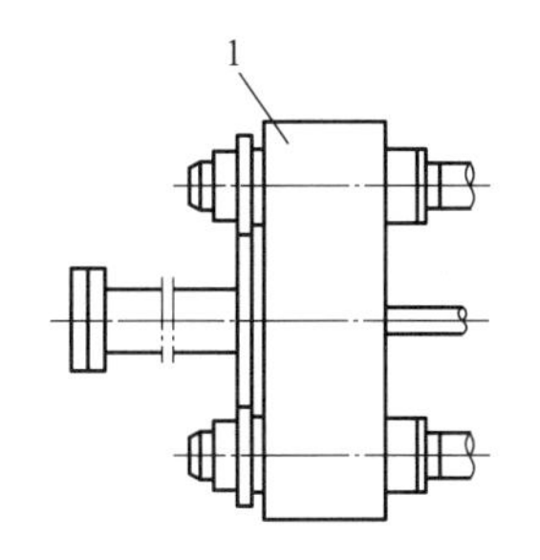

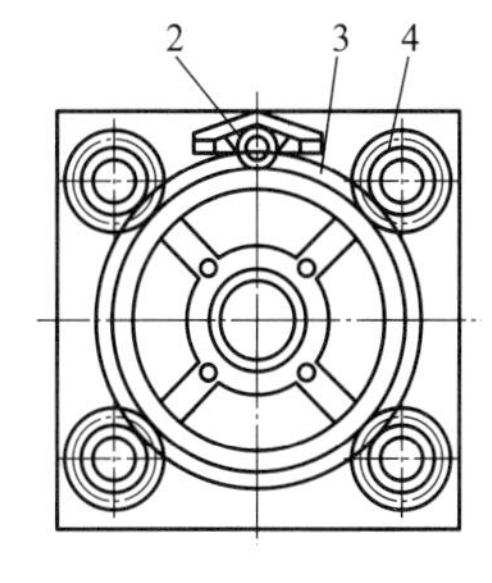

图 6.51 大齿轮调模装置

1—后模板；2—主动齿轮；3—大齿轮；4—后螺母齿轮

合模精度是微型薄壁产品成型的技术难点，合模精度差会导致壁厚不均，尽管在厚壁制品中不明显，但薄壁产品的成型受影响较大，如有些位置缺料、飞边等。设备的锁模力不平衡是引起飞边的主要原因，操作时仅通过加大锁模力来解决飞边现象是不能彻底解决问题的，而锁模力的增加意味着机器绞线销磨损更快，将导致合模力减小，合模精度进一步下降，严重时会导致断销，造成设备故障，因此合模精度的控制与调节十分重要。

参 考 文 献

[1] 李志文，赵林君，黄飞腾，等. 光固化成型技术在汽车塑料件制造中的应用 [J]. 汽车实用技术，2021，46（22）：141-143，151.

[2] 史卜辉. 基于约束面投影的陶瓷光固化成型工艺研究 [D]. 西安：西安理工大学，2021.

[3] 徐振烊，武艺，宋万林. 光固化成型工艺的分析及其发展前景 [J]. 中国高新技术企业，2016（24）：35-36.

[4] 尹亚楠. 数字微喷光固化三维打印成型装置设计与试验 [D]. 南京：南京师范大学，2015.

[5] 刘杰. 光固化快速成型技术及成型精度控制研究 [D]. 沈阳：沈阳工业大学，2014.

[6] 席晓华. DLP 型 3D 打印机参数对树脂影响的研究 [J]. 山西化工，2021，41（05）：5-8.

[7] 赵新宇，韦文清，牛睿蓉，等. 熔融沉积成型技术在口服固体制剂领域的研究进展 [J]. 中国药学杂志，2021，56（16）：1291-1298.

[8] 杨露，孟家光，薛涛. 3D 打印工艺参数对 PLA 试件拉伸强度的影响 [J]. 塑料工业，2021，49（05）：73-77，142.

[9] 周长秀. 熔融沉积快速成型 3D 打印精度影响因素的研究 [J]. 现代信息科技，2020，4（22）：133-135.

[10] 权国政，杨焜，盛雪，等. 电弧熔丝增材制造残余应力控制方法综述 [J]. 塑性工程学报，2021，28（11）：1-10.

[11] Yessimkhan Shalkar. 基于熔体微分原理的金属粉末 3D 打印成型技术研究 [D]. 北京：北京化工大学，2018.

[12] 刘晓军. 基于熔体微分原理的 3D 打印设备优化与制品增强工艺研究 [D]. 北京：北京化工大学，2018.

[13] 刘丰丰. 基于熔体微分原理的聚合物复合材料 3D 打印成型技术研究 [D]. 北京：北京化工大学，2017.

[14] 冯淑莹，张慧梅. 选择性激光烧结的研究进展 [J]. 江西化工，2020（04）：56，57.

[15] 牛爱军，党新安，杨立军. 基于选区激光烧结技术的金属粉末成型工艺研究 [J]. 制造技术与机床，2009（02）：99-104.

[16] 庞国星. 粉末激光烧结快速成型工艺及后处理涂层研究 [D]. 北京：中国矿业大学（北京），2009.

[17] 贾礼宾. 选择性激光烧结成型件精度及抗压强度研究 [D]. 济南：山东建筑大学，2016.

[18] 赵爱萍. 选择性激光烧结技术制造金属钢模具研究现状及应用前景 [J]. 模具制造，2009，9（04）：87-89.

[19] 韩召，曹文斌，林志明，等. 陶瓷材料的选区激光烧结快速成型技术研究进展 [J]. 无机材料学报，2004（04）：705-713.

[20] 徐叶琳. TA15 电子束选区熔化成型缺陷控制研究 [D]. 哈尔滨：哈尔滨理工大学，2021.

[21] 谢丹，朱红，侯高雁. 基于 3DP 成型的零件后处理工艺研究 [J]. 武汉职业技术学院学报，2018，17（01）：113-115.

[22] Dima A，Bhaskarla S，Becker C，et al. Informatics infrastructure for the materials genome initiative [J]. Journal of the Minerals，2016，68（8）：2053-2064.

[23] 汪洪，向勇，项晓东，等. 材料基因组——材料研发新模式 [J]. 科技导报，2015，33（10）：13-19.

[24] 卢秉恒. 增材制造技术——现状与未来 [J]. 中国机械工程，2020，31（1）：5.

[25] 袁茂强，郭立杰，王永强，等. 增材制造技术的应用及其发展 [J]. 机床与液压，2016（5）：6.

[26] 束德林. 工程材料力学性能 [M]. 北京：机械工业出版社，2004.

[27] Ziol M，Handra-Luca A，Kettaneh A，et al. Noninvasive assessment of liver fibrosis by measurement

of stiffness in patients with chronic hepatitis C [J]. Hepatology, 2005, 41 (1): 48-54.
[28] 毛卫民. 金属材料的晶体学织构与各向异性 [M]. 北京: 科学出版社, 2002.
[29] 周筑宝, 卢楚芬. 正交各向异性材料的强度理论 [J]. 铁道科学与工程学报, 1998 (3): 77-82.
[30] 丁皓江. 横观各向同性弹性力学 [M]. 杭州: 浙江大学出版社, 1997.
[31] Fischer-Cripps A C. Mechanical Properties of Materials [M]. 北京: 化学工业出版社, 2009.
[32] 时海芳, 任鑫. 材料力学性能 [M]. 北京: 北京大学出版社, 2010.
[33] 邬怀仁. 理化分析测试指南 [M]. 北京: 国防工业出版社, 1988.
[34] 吕小彬, 吴佳晔. 冲击弹性波理论与应用 [M]. 北京: 中国水利水电出版社, 2016.
[35] 多雷尔·巴拉比克. 金属板材成形工艺: 本构模型及数值模拟 [M]. 何祝斌, 等译. 北京: 科学出版社, 2015.
[36] 刘锡礼, 王秉权. 复合材料力学基础 [M]. 北京: 中国建筑工业出版社, 1984.
[37] 塔尔瑞加. 复合材料疲劳 [M]. 北京: 航空工业出版社, 1990.
[38] Claude Bathias, Andre Pineau. 材料与结构的疲劳 [M]. 吴圣川, 李源, 王清远, 译. 北京: 国防工业出版社, 2016.
[39] Chen H, Cebe P. Investigation of the rigid amorphous fraction in Nylon-6 [J]. Journal of Thermal Analysis and Calorimetry, 2007, 89 (2): 417-425.
[40] Brunelle D J. Cyclic oligomers of polycarbonates and polyesters [M]. Springer Netherlands, 2007.
[41] Yin J, Rui C, Ji Y, et al. Adsorption of phenols by magnetic polysulfone microcapsules containing tributyl phosphate [J]. Chemical Engineering Journal, 2010, 157 (2, 3): 466-474.
[42] 黄少威. SP公司3D打印机项目商业计划书 [D]. 广州: 华南理工大学, 2015.
[43] 郭宇鹏. FDM桌面型3D打印机的整体设计及成型工艺研究 [D]. 太原: 中北大学, 2017.
[44] 余亮. 基于ARM的桌面型3D打印机电控系统开发 [D]. 湘潭: 湖南科技大学, 2014.
[45] 何红媛, 周一丹. 材料成形技术基础 [D]. 南京: 东南大学出版社, 2015.
[46] 刘静, 刘昊, 程艳, 等. 3D打印技术理论与实践 [M]. 武汉: 武汉大学出版社, 2017.
[47] 郭桂山. 被颠覆的汽车帝国-中国汽车电商与车联网生态报告 [M]. 北京: 人民邮电出版社, 2015.
[48] 程兵. 基于FDM彩色3D打印机结构设计及关键零部件有限元分析 [D]. 衡阳: 南华大学, 2017.
[49] 倪伟, 刘斌, 侯志伟. 电气控制技术与PLC [M]. 南京: 南京大学出版社, 2017.
[50] 陈绪林, 鲁鹏, 艾存金. 工业机器人操作编程及调试维护 [M]. 成都: 西南交通大学出版社, 2018.
[51] 尹显明, 张立红, 王兆国. 机械制造工程训练教程 [M]. 武汉: 武汉理工大学出版社, 2017.
[52] 沈祚. 便携式膝关节康复机器人的研究 [D]. 太原: 中北大学, 2020.
[53] 中国公路学报编辑部. 中国汽车工程学术研究综述·2017 [J]. 中国公路学报, 2017, 30 (06): 1-197.
[54] 廖培旺. 一种机器人化摇臂钻床的结构设计与分析 [D]. 沈阳: 东北大学, 2014.
[55] 肖泽恒. 基于3D打印节点的薄壳景观构筑物设计研究 [D]. 广州: 华南理工大学, 2019.
[56] 舒圣. 基于FDM工艺的工业级3D打印机控制系统研发与工艺优化 [D]. 秦皇岛: 燕山大学, 2018.
[57] 赵欢. 计算机科学概论 [M]. 北京: 人民邮电出版社, 2014.
[58] 许晓东. 草源性纳米复合材料新型组织皮肤支架及其3D生物打印成形工艺的研究 [D]. 扬州: 扬州大学, 2020.
[59] 李蚩行. 稳态扫描系统模拟研究 [D]. 西安: 西安工业大学, 2019.
[60] 郁汉琪, 殷埝生, 陈兴荣. 电工电子实训教程 [M]. 南京: 东南大学出版社, 2017.
[61] 张潭林. 模拟砂箱3D打印技术研究 [D]. 北京: 中国石油大学 (北京), 2019.
[62] 温玉维, 邓长勇, 曾德培, 等. 三维激光扫描仪在电力工程实测实量中的应用 [J]. 测绘通报, 2021 (10): 163-167.
[63] 汪会清, 史玉升, 黄树槐. 三维振镜激光扫描系统的控制算法及其应用 [J]. 华中科技大学学报 (自

然科学版)，2003 (05)：70，71.
[64] 徐亮亮. 二维激光振镜扫描控制系统设计 [D]. 长春：长春理工大学，2012.
[65] 韩威. 激光振镜控制系统的设计与研究 [D]. 武汉：武汉纺织大学，2021.
[66] 李静. 光固化快速成型技术的控制原理及应用 [J]. 现代塑料加工应用，2002 (04)：15-17.
[67] 孔祥忠. SLA 光固化 3D 打印成型技术研究 [J]. 中国设备工程，2021 (11)：207-208.
[68] 李健，袁国栋，郭艳玲. 小型通用生物凝胶三维打印机设计与实现 [J/OL]. 机械设计与制造：1-5 [2022-01-11].
[69] 陈韵律，安芬菊，廖小龙，等. 基于 LCD 屏的光固化 3D 打印机设计 [J]. 机电工程技术，2020，49 (12)：57-58，164.
[70] 江阳，陈利华，孟庆华，等. 一种可清除甲醛的光敏树脂的制备及其在 3D 打印成型中的应用 [J]. 信息记录材料，2015，16 (04)：3-6，31.
[71] 蒋三生. 基于 SLA 成型的光敏树脂 3D 打印工艺及性能 [J]. 工程塑料应用，2019，47 (01)：76-81.
[72] 张仟，党新安，杨立军. 选择性激光烧结 (SLS) 成型设备控制系统设计 [J]. 陕西科技大学学报 (自然科学版)，2012，30 (01)：33-35.
[73] 孙建英. 选择性激光烧结技术及其在模具制造领域的应用 [J]. 煤矿机械，2006 (07)：112，113.
[74] 权晓. 激光扫描振镜控制系统研究 [D]. 太原：中北大学，2021.
[75] 丁浩，袁镇沪，卢秉恒，等. 基于光固化成型的功能零件无模具快速精密铸造工艺 [J]. 西安交通大学学报，1998 (12)：58-61.
[76] 刘杰. 光固化快速成型技术及成型精度控制研究 [D]. 沈阳：沈阳工业大学，2014.
[77] 郭帅. 消费级激光 3D 打印机系统设计及关键技术研究 [D]. 哈尔滨：东北林业大学，2018.
[78] 文世峰，史玉升，谢军，等. 3 维激光振镜扫描系统的关键技术研究 [J]. 激光技术，2009，33 (04)：377-380.
[79] 黎鹏. 基于三维扫描与 3D 打印的机件建模方法研究与实现 [D]. 邯郸：河北工程大学，2016.
[80] 张远智，胡广洋，刘玉彤，等. 基于工程应用的 3 维激光扫描系统 [J]. 测绘通报，2002 (01)：34-36.